"十三五"国家重点图书出版规划项目

交通运输科技丛书·公路基础设施建设与养护

Root Foundation

根 式 基 础

殷永高 等 著

人民交通出版社股份有限公司

China Communications Press Co.,Ltd.

内 容 提 要

本书是"交通运输科技丛书"之一,介绍了根式基础这一全新的仿生基础。本书力求简明实用,重点介绍了根式基础的受力机理、计算方法、施工工艺、检测标准以及工程案例,为工程应用提供设计计算依据、施工工艺以及检测方法。

本书可供从事工程建设的设计、施工、科研和教学人员使用。

图书在版编目(CIP)数据

根式基础 / 殷永高等著. — 北京:人民交通出版社股份有限公司, 2018.8

ISBN 978-7-114-13382-4

Ⅰ. ①根… Ⅱ. ①殷… Ⅲ. ①基础(工程) Ⅳ.
①TU47

中国版本图书馆 CIP 数据核字(2018)第 181840 号

"十三五"国家重点图书出版规划项目
交通运输科技丛书·公路基础设施建设与养护

书　　名:	根式基础
著 作 者:	殷永高　等
责任编辑:	潘艳霞　尤　伟
责任校对:	张　贺
责任印制:	张　凯
出版发行:	人民交通出版社股份有限公司
地　　址:	(100011)北京市朝阳区安定门外外馆斜街 3 号
网　　址:	http://www.ccpress.com.cn
销售电话:	(010)59757973
总 经 销:	人民交通出版社股份有限公司发行部
经　　销:	各地新华书店
印　　刷:	北京市密东印刷有限公司
开　　本:	787×1092　1/16
印　　张:	11.25
字　　数:	248 千
版　　次:	2019 年 3 月　第 1 版
印　　次:	2019 年 3 月　第 1 次印刷
书　　号:	ISBN 978-7-114-13382-4
定　　价:	70.00 元

(有印刷、装订质量问题的图书,由本公司负责调换)

交通运输科技丛书编审委员会

（委员排名不分先后）

《根式基础》
编写委员会

主　任：殷永高

副主任：龚维明　张　强

编　委：孙敦华　周正明　朱大勇　章　征　张立奎

　　　　杨　敏　夏江南　朱福春　吕奖国　赵先民

　　　　杨灿文　赵公明　丁　蔚　李锡明　亓鹏程

　　　　卢元刚　郑伟峰　宋松林　杨善红　吴志刚

　　　　汪学进　欧阳祖亮　刁先觉　李　茜

　　　　余　竹

编著单位：安徽省交通控股集团有限公司

总　序

　　科技是国家强盛之基,创新是民族进步之魂。中华民族正处在全面建成小康社会的决胜阶段,比以往任何时候都更加需要强大的科技创新力量。党的十八大以来,以习近平同志为总书记的党中央做出了实施创新驱动发展战略的重大部署。党的十八届五中全会提出必须牢固树立并切实贯彻创新、协调、绿色、开放、共享的发展理念,进一步发挥科技创新在全面创新中的引领作用。在最近召开的全国科技创新大会上,习近平总书记指出要在我国发展新的历史起点上,把科技创新摆在更加重要的位置,吹响了建设世界科技强国的号角。大会强调,实现"两个一百年"奋斗目标,实现中华民族伟大复兴的中国梦,必须坚持走中国特色自主创新道路,面向世界科技前沿、面向经济主战场、面向国家重大需求。这是党中央综合分析国内外大势、立足我国发展全局提出的重大战略目标和战略部署,为加快推进我国科技创新指明了战略方向。

　　科技创新为我国交通运输事业发展提供了不竭的动力。交通运输部党组坚决贯彻落实中央战略部署,将科技创新摆在交通运输现代化建设全局的突出位置,坚持面向需求、面向世界、面向未来,把智慧交通建设作为主战场,深入实施创新驱动发展战略,以科技创新引领交通运输的全面创新。通过全行业广大科研工作者长期不懈的努力,交通运输科技创新取得了重大进展与突出成效,在黄金水道能力提升、跨海集群工程建设、沥青路面新材料、智能化水面溢油处置、饱和潜水成套技术等方面取得了一系列具有国际领先水平的重大成果,培养了一批高素质的科技创新人才,支撑了行业持续快速发展。同时,通过科技示范工程、科技成果推广计划、专项行动计划、科技成果推广目录等,推广应用了千余项科研成果,有力促进了科研向现实生产力转化。组织出版"交通运输建设科技丛书",是推进科技成果公开、加强科技成果推广应用的一项重要举措。"十二五"期间,该丛书共出版72册,全部列入"十二五"国家重点图书出版规划项目,其中12册获得国家出版基金支持,6册获中华优秀出版物奖图书提名奖,行业影响力和社会知名度不断扩大,逐渐成为交通运输高端学术交流和科技成果公开的重要平台。

　　"十三五"时期,交通运输改革发展任务更加艰巨繁重,政策制定、基础设施建设、运输管理等领域更加迫切需要科技创新提供有力支撑。为适应形势变化的需要,在以往工作的基础上,我们将组织出版"交通运输科技丛书",其覆盖内容由建设技术扩展到交通运输科学技术各领域,汇集交通运输行业高水平的学术专著,及时集中展示交通运输重大科技成果,将对提升交通运输决策管理水平、促进高层次学术交流、技术传播和专业人才培养发挥积极作用。

当前,全党全国各族人民正在为全面建成小康社会、实现中华民族伟大复兴的中国梦而团结奋斗。交通运输肩负着经济社会发展先行官的政治使命和重大任务,并力争在第二个百年目标实现之前建成世界交通强国,我们迫切需要以科技创新推动转型升级。创新的事业呼唤创新的人才。希望广大科技工作者牢牢抓住科技创新的重要历史机遇,紧密结合交通运输发展的中心任务,锐意进取、锐意创新,以科技创新的丰硕成果为建设综合交通、智慧交通、绿色交通、平安交通贡献新的更大的力量!

2016 年 6 月 24 日

序

随着人类改造大自然及经济发展的需求，超级工程不断涌现，如高速铁路、高层建筑、大跨径桥梁、海洋风电工程等，这些工程往往需要很高的基础承载能力并要严格控制沉降。特别是在我国江河中下游和沿海地区，覆盖层深厚，传统的桩基础存在材料利用率不高、承载能力偏小等不足，本书著者巧妙地运用仿生学原理，采用配套研发的多头顶进装置将预制根键挤扩到基础周边土体中，在基础上"嫁接"水平向的钢筋混凝土根键，根键可将荷载有效传递到土体，由此提高基础的稳定性和承载力，形成一种原创的基础形式——根式基础。

根式基础在传统的基础侧面增加了集群钢筋混凝土根键，能够充分发挥桩土共同作用，有效提高材料利用率，大幅增加了基础承载力。在多项研究与试验的基础上，形成了较为合理的设计计算方法，并通过多次原型测试进行了验证和修正，研发了成套的系列根键顶进施工设备，实现水下根键的精确对准和无人顶进，由此形成了完整的施工工艺，在马鞍山长江公路大桥、池州长江公路大桥等多项工程中成功应用。根式基础目前已形成包括根式钻孔桩基础、根式沉井基础、现浇根式管柱基础及根式锚碇基础等不同直径、不同类型的系列化根式基础，可适用于不同承载要求的桥梁墩台基础以及锚碇基础，并可推广应用到铁路、市政、水利、港口、海洋风电以及建筑等行业。

本书是在历经10余年、多项科研课题研究成果基础上提炼形成的，详细阐述了根式基础的受力机理、计算方法、施工工艺、检测标准以及工程案例等内容，为工程应用提供依据。本书观点新颖、明确，有很强的可读性，著作中所反映的新思维、新工艺及新方法无疑会对工程建设的同行们有所启迪，可供从事工程建设的设计、施工、科研和教学人员阅读、研究和参考。

龚晓南

中国工程院院士

浙江大学教授

2017 年 8 月 10 日

前　言

根式基础是一种原创的仿生基础，它是在传统的钻孔灌注桩或沉井上"嫁接"横向的根键，形成一种全新的基础形式——根式基础。2005年安徽省交通控股集团科研人员首次提出并组织研发，历经11年在安徽高速公路多座跨河跨江大桥上成功应用，研发了根式钻孔桩(外径1~3m)、根式沉管和根式现浇管柱(外径3~6m)、根式沉井(外径大于6m)及根式锚碇基础，形成了包括设计方法、施工工艺、施工设备及检测评定等完整的根式基础成套技术和研究成果。安徽省交通规划设计研究院股份有限公司、中铁大桥勘测设计院有限公司、中交第二公路工程局有限公司、中交路桥华南工程有限公司、中交第二航务工程局有限公司、中铁大桥局股份有限公司、东南大学、中科院武汉岩土所、中交第一公路勘察设计研究院有限公司、同济大学等多家单位参与了科研及工程建设，形成的成果适用于公路桥梁基础以及悬索桥锚碇基础，并可拓展到铁道桥梁、市政桥梁、水利、港口以及高层建筑等。

本书主要介绍了根式基础的研究过程，探讨了受力机理，阐述了设计、施工、设备、质量检测方法及工程案例。本书第一章由殷永高编写；第二章由殷永高、夏江南、杨敏编写；第三章由殷永高、龚维明、周正明编写；第四章由殷永高编写；第五章由章征、张立奎编写；第六章由张强、龚维明编写。全书由殷永高主著，高昌余主审。

限于作者水平，本书不足之处在所难免，敬请读者批评指正。

作　者
2017年6月20日

目　　录

第1章 根式基础概述

1.1 根式基础的构思

1.1.1 根式基础概念的提出

随着我国交通运输事业的发展,大跨径桥梁尤其跨海工程的建设也越来越多。我国的桥梁大多处于江河漫滩地区,覆盖层深厚,表层地基土体承载力低,如何充分利用土体的承载力或有效带动更多的土体发挥作用是当前工程基础设计与施工的关键。

传统的桩基础在实际的工程应用中表现出良好的竞争优势,但也存在未充分发挥桩—土共同作用、材料利用率不高等不足,特别对于在厚覆盖层和大跨径桥梁的传统基础,承载力的要求越来越高,而桩长越来越长,表现出长细比严重失调的缺点。

此外,大跨径跨河桥梁基础对河道、航道的影响一直是桥梁设计和施工的难题。传统的群桩基础需安装庞大的钢围堰和浇注阻水面积很大的承台,导致较大的集中冲刷,加大了桥梁的净跨;同时水利部门要求承台埋置于河床线甚至最低冲刷线以下,使得钢围堰的规模更为庞大。

群桩基础与根式基础方案对比见图1-1。

为此,研究团队尝试在传统的桩基础上植入根键形成根式基础,增加桩基的刚度和提高材料利用的效率,以改变桩基的受力特性,充分发挥桩土共同作用,极大地提高基础的承载力。

根式基础的构思见图1-2。

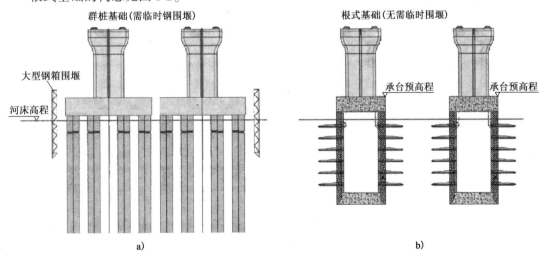

图 1-1

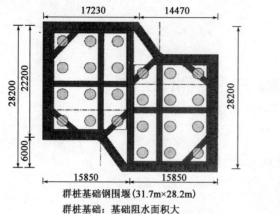

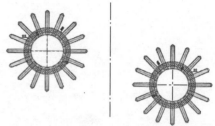

根式基础自身结构防护(2×直径8m,悬臂3m根键)

根式基础无需临时围堰,基础阻水面积小,增加了净跨,便利了通航

群桩基础钢围堰(31.7m×28.2m)

群桩基础:基础阻水面积大

c)   d)

图 1-1   群桩基础与根式基础方案对比(尺寸单位:mm)

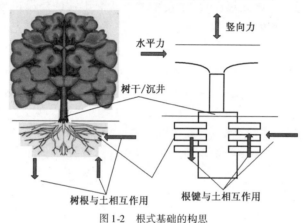

图 1-2   根式基础的构思

1.1.2   国内外研究现状

国内外也有提高桩基承载力的尝试,如挤扩支盘灌注桩、竹节桩等。

(1)挤扩支盘灌注桩

挤扩支盘灌注桩(图 1-3)是在等截面混凝土灌注桩的基础上,为充分利用不同深度处各土层的抗力,沿桩孔不同位置设置一定数量的支盘,依靠增加桩的端阻力来提高桩的承载力,或是设置一定数量的支盘用以增大桩的承压面积,从而提高桩的承载力。施工时,只需在普通灌注桩成孔后,用专门的挤扩设备,在不同深度承力较好的土层进行挤压形成若干分支或承力盘腔,然后下钢筋笼及浇筑(灌注)混凝土。它具有预制桩、夯扩桩、普通灌注桩的优点,可以根据需要在不同的土层设置支盘,相比较而言,其施工简单,缩短桩长,提高承载力,减少沉降量,造价减少。但在软弱土层中成盘比较困难,支盘质量离散性较大,受土层性质影响较大。支盘为素混凝土结构,破坏为脆性破坏,无任何征兆[1]。主要在地层土质较好、地下水位低的建筑群桩基础中应用,而且桩径较小,不适合桥梁等大吨位少桩基础及水下作业环境。

(2)竹节桩

竹节桩(图 1-4)是采用短钻杆分节钻进方法成孔,清孔后安放钢筋笼,然后下注浆管,投集料后再用压力灌注水泥浆液,压力注浆成桩。它可以提高侧阻力,承载力与普通桩相比略有提高。但其施工时产生振动噪声污染,桩的长度受到限制,承载力有限。树根桩的施工及原理与其类似,桩径较小,主要应用于地基处理、基坑围护及地层土质较好、地下水位低的建筑基础中[2]。

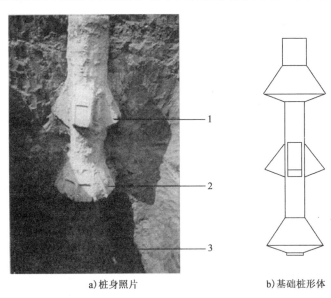

图1-3 挤扩支盘灌注桩示意图
1-十字分支;2-中间承力盘;3-底承力盘

（3）扩底桩

钻孔扩底桩是底部直径大于上部桩身直径的灌注桩,扩大头增加了桩端有效承载面积,从而提高桩端承载力,使扩底桩成为以桩端支承为主,桩周侧摩阻力为辅的桩型。把扩大头设置在强度较高的持力层中,可获得较大的竖向承载力,有效发挥持力层的承载潜力。在工程中可缩小桩身直径和减少桩数,节省工程投资[3]。其存在应用范围有限,只有将扩大头设置在强度较高的持力层中才能有效提高承载能力,且扩底桩采用机械施工时难度较大,扩大空间的混凝土浇筑质量难以控制的不足。

图1-4 竹节桩实物图

扩底桩结构见图1-5。

上述基础类型都是对钻孔灌注桩基础的改良,只是在普通钻孔桩的基础上进行了变截面设置,增加了局部承载力,没有从根本上实现突破。

根式基础突破传统桩基础的承载特性,将水平向预制构件分布于各个土层中,达到了土体与桩基之间的刚度协调,积极调动了土体承载力的作用;其承载力得以大幅提高,抗震性能得以改善。归纳起来,根式基础与上述改良基础受力模式有着本质不同:

（1）普通改良基础为变截面基础,其主要通过扩大端头面积来增大桩基础端承力,进而提高基础的极限承载力;根式基础的根键为钢筋混凝土结构,能够充分发挥桩土共同作用,提高端承力和侧摩阻力以提高整桩的极限承载力。

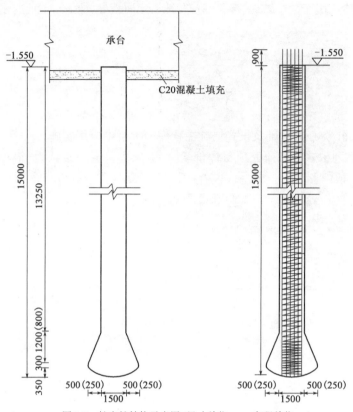

图 1-5　扩底桩结构示意图(尺寸单位:mm;高程单位:m)

(2)普通改良基础突出部分无配筋,破坏形式为无配筋的脆性破坏;根式基础的根键为钢筋混凝土结构,为非脆性破坏,可按照钢筋混凝土构件强度验算。

1.1.3　根式基础的研究过程

自 2005 年首次提出根式基础概念以来,共开展近十项根式基础科研课题研究,目前已结题的有 5 项,课题鉴定成果均达到国际领先或先进水平。

2005—2006 年,安徽省交通厅通达计划项目"根式基础研究",依托合淮阜高速公路淮河大桥工程开展了根式基础设计计算方法及施工工艺研究,获得"根式基础及锚碇"等专利 3 项。

2006—2008 年,交通部立项项目(部省联合攻关项目)"悬索桥锚碇新技术研究"及安徽省科技厅科技攻关项目"大跨径悬索桥新型根式基础关键技术、先进工艺和装备",依托马鞍山长江公路大桥工程开展了根式锚碇受力机理及施工方法研究,获得"根式锚碇及其施工方法"等专利 2 项,鉴定专家组一致认为悬索桥小型沉井锚碇基础方案可行,具有自主创新性,建议在合适的工程中推广应用。

2008—2012 年,安徽省交通运输厅通达计划项目"根式钻孔灌注桩基础成套技术研究",

依托马鞍山长江公路大桥工程开展了根式钻孔桩基础的计算方法、施工工艺、关键设备等成套技术研究,获得"小直径自平衡根式钻孔灌注桩施工装置"等专利2项。

2009—2013年,根式沉管基础在望东长江公路大桥中应用,开展了根式沉管基础的设计方法、施工工艺及质量检验等研究,获得"大直径根式基础模块式现浇施工方法"专利1项。

2014年,安徽省地方标准《根式基础技术规程》于2014年3月31日通过由安徽省质量技术监督局组织的专家审查,2014年8月28日正式发布。

2014年,根式基础被交通运输部列为"2014年度交通运输建设科技成果推广目录"。

2015—2017年,根式钻孔灌注桩基础在池州长江公路大桥南岸引桥工程及秋浦河大桥中大规模应用,根式钻孔空心桩基础及根式锚碇在秋浦河大桥中应用实施。

2017年6月,系列根式基础研究项目评价验收,专家委员会一致认为"该项目构思新颖,技术路线正确,是一项原创的科技成果,具有重大的理论突破和应用价值,总体上达到国际领先水平"。

根式基础研究历程见表1-1。系列根式基础专利授权见表1-2。

根式基础研究历程一览表　　　　表1-1

序号	项目名称	立项情况	鉴定情况
1	根式基础研究	2006年通达计划	国际领先水平
2	悬索桥根式锚碇基础新技术研究	2006年交通部	国际先进水平
3	根式钻孔灌注桩成套技术研究	2008年通达计划	国际领先水平
4	大跨径悬索桥新型根式基础关键技术、先进工艺和装备	安徽省科技攻关计划	国际领先水平
5	安徽省地方标准《根式基础技术规程》	2012年安徽省质监局	通过
6	根式基础集群效应研究	2014年通达计划	在研
7	根式锚碇基础工程应用研究	2014年通达计划	在研

系列根式基础专利授权情况一览表　　　　表1-2

序号	专利名称	专利号	专利类型
1	根式基础及其施工方法	ZL200610038147.5	发明
2	根键式钻孔灌注桩施工装置	ZL200620076066.X	实用新型
3	根式基础及锚碇顶推施工成套装置	ZL200620075110.5	实用新型
4	根式基础及锚碇	ZL200620069139.2	实用新型
5	根式基础与锚碇的根键止水装置	ZL200720044402.7	实用新型
6	小直径自平衡根键式钻孔灌注桩施工装置	ZL200820185496.4	实用新型
7	根式锚碇及其施工方法	ZL200810004441.3	发明
8	一种带有护壁的水下浇筑根式基础	ZL201420208969.3	实用新型
9	一种带有护壁的水下浇筑式管柱	ZL201420208346.6	实用新型
10	一种空心管柱水下浇筑自浮式内模系统	ZL201420208207.3	实用新型
11	一种带有护壁的水下浇筑根式基础及其施工方法	ZL201410171844.2	发明
12	一种空心管柱水下浇筑自浮式内模系统及其应用	ZL201410171790.X	发明
13	一种带有护壁的水下浇筑式管柱及其施工方法	ZL201410172024.5	发明

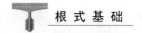

上述成果已成功在合淮阜高速公路淮河大桥、马鞍山长江公路大桥、望东长江公路大桥以及池州长江公路大桥工程中应用,并在温甬高速公路复线工程中进行了尝试,现已完成施工。在池州长江公路大桥设计 266 根根式基础,其中直径 1.6m 和直径 1.8m 引桥基础根式桩共计 240 根,2.5m 根式桩秋浦河大桥主塔基础 10 根,5m 根式锚碇基础 16 根。

1.2 根式基础的构造与分类

根式基础是在传统基础周边锚固根键形成,其构造由主体结构与水平向构件(根键)组成。

按照主体结构的不同,根式基础分为以下 4 类:根式钻孔灌注桩基础、根式钻孔空心桩基础、根式钻孔沉管基础以及根式沉井基础。其中根式钻孔灌注桩基础为实心基础,其余为空心结构;根式沉井基础为预制接高下沉基础,其余为现浇基础。根式锚碇基础为组合形式结构,由多根根式基础排列组成。系列根式基础可满足不同工程中不同桩径的选择。

系列根式基础分类及其结构示意图见图1-6。

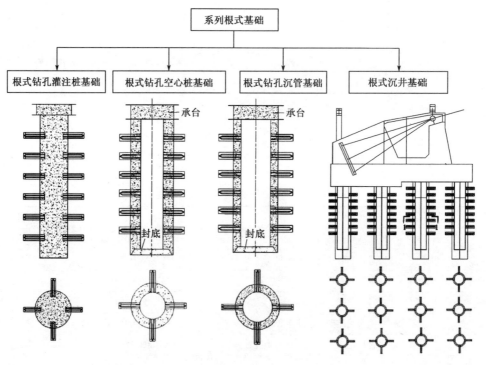

图1-6 系列根式基础分类及其结构示意图

1.3 根式基础的受力机理

根式基础利用仿生学原理,模仿树根的形式,借助专门研制的多头顶进装置挤扩根键到基础周边土体中,根键部分在到位后浇筑混凝土成为锚固节点,通过根键增加桩基与土体的接触,利用了根键顶入的挤土效应使周围土体挤密及根键的根式效应(扩大桩径或承力支盘的作用),可以充分调动桩周土体的承载力,使基础的竖向抗压、抗拔承载力有很大提高,同时减小基础沉降。

与普通竖直基础相比,根式基础是一种整体扩大的桩,其整体刚度大,发挥了基础的尺寸效应;从刚度组合来讲,它是一种刚性体、有限刚度梁(根键)、弹塑性体(土体)的组合。有限刚度梁起到了很好的刚度过渡及应力分配和传递效果。

根式基础的破坏分为周围土体破坏和基础结构破坏两类。其破坏模式与根键的布置、侧壁土层分布及各土层力学性能、基础底部土体的性能、桩基础和根键的强度等因素有关。

第2章 系列根式基础施工工艺

2.1 概　　述

根式基础是采用根键与基桩固结后形成的一种仿生基础,充分调动周边土体参与受力,使得基础抗拔、抗压及抗水平推力得到大幅提高,提升了传统桩基础的承载能力,具有明显的经济优势。但与此同时,如何实现根式基础是我们面临的一大挑战。为此,作者自2005年开始通过试验和工程相结合,开展了根式钻孔灌注桩基础、根式钻孔空心桩基础、根式钻孔沉管基础、根式沉井基础及适用于悬索桥的根式锚碇基础等系列工艺及装备研究。

2.2　根式钻孔灌注桩基础施工工艺

根式钻孔灌注桩基础包含预留根键孔的钢筋笼、根键以及混凝土桩身,其工艺为先成孔、下放钢筋笼、在钢筋笼内圆中顶进根键,最后浇筑桩身混凝土。与传统工艺对比,主要区别在于预留根键孔的钢筋笼制作和根键施工。

根式钻孔灌注桩基础设计见图2-1。

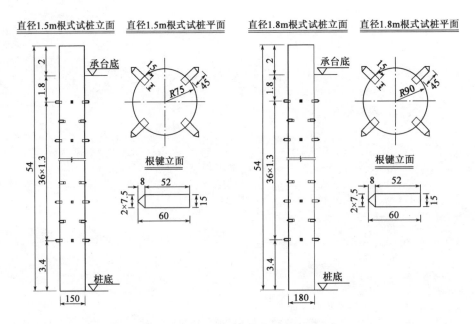

图2-1　根式钻孔灌注桩基础设计示意图(尺寸单位:cm)

2.2.1 施工工艺流程

根式基础施工流程见图 2-2。

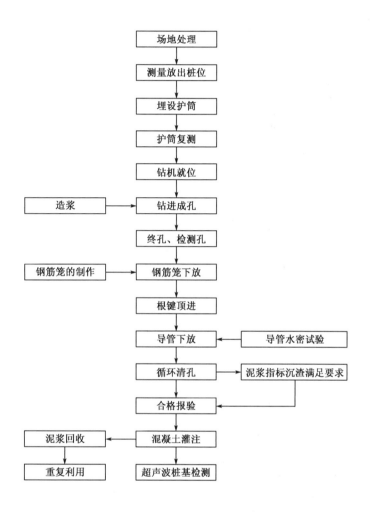

图 2-2 根式基础施工流程图

2.2.2 钻进成孔

根式钻孔灌注桩的钻孔机具与常规水下钻孔桩机具一样,包括旋挖钻、回旋钻和冲击钻等,宜采用旋挖钻,根据直径的大小和地质情况选择不同的型号,场地应能满足钻机设备的正常使用。

当钻孔深度、泥浆指标和沉淀厚度达到设计要求之后,采用超声波探孔仪进行孔深、孔径和垂直度进行检测,验收合格后开始进行首次清孔。

钻孔灌注桩成孔质量标准见表 2-1。

钻孔灌注桩成孔质量标准 表 2-1

项 目	规定值或允许偏差	项 目	规定值或允许偏差
孔的中心位置(mm)	50	孔深(m)	不小于设计规定
桩群平面中心位置(mm)	50	沉淀厚度(mm)	不大于100
孔径(mm)	不小于设计桩径	清孔后泥浆指标	相对密度:1.03～1.10;黏度:17～20Pa·s;含砂率:<2%;胶体率:>98%
倾斜度(%)	<1/150	—	—

2.2.3 桩基钢筋笼施工

1)钢筋笼制作与安装

根式灌注桩的钢筋笼设计与常规钢筋笼有一定差异,主要体现在:①将加强箍筋从钢筋笼主筋内侧移至主筋外侧;②设计有规则布置的根键孔,根键孔位上下用相同主筋加强。因此在加工钢筋笼时需要重点控制钢筋笼根键孔的预留精度和主筋的制造精度。

该工艺采用全断面组合胎架长线匹配法,包含底座胎架和内胎架。底座胎架主要承受整个钢筋笼重量和固定下部分主筋,为固定式胎架;内胎架主要用于上部主筋的精确定位。

(1)全断面组合胎架

底座胎架:约占钢筋笼周长的1/3弧长,为小半圆的钢板制作而成,钢板上开有放置主筋的卡槽,其通过预埋件或者螺栓固定在平整的场地上,纵向布置间距为2～3m,纵向总长应比最深钢筋笼长1～2m。

内胎架:为上端可开口收缩式的胎架,主要是固定上半部分主筋,为可拆卸移动式。由底盘、立柱、立柱调节装置、支杆、支杆调节装置、带卡槽的弧形板几部分组成,通过立柱调节装置和支杆调节装置可实现内胎架的收缩和外扩功能。

钢筋笼底座胎架定位见图2-3。

(2)钢筋笼制作(图2-4)

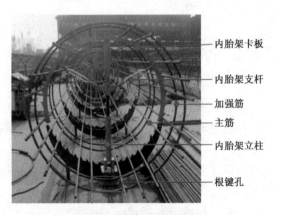

图2-3 钢筋笼底座胎架定位　　　　　　图2-4 根式基础钢筋笼制作

内胎架卡板
内胎架支杆
加强筋
主筋
内胎架立柱
根键孔

①安装底座胎架,纵横向带线定位,保证其顺直度;

②初步将箍筋沿纵向放置在底座胎架间隙中;

③在底座胎架上安装下部分主筋,主筋从箍筋内部穿过;

④布置箍筋位置,与下部分主筋初步定位,采用扎丝绑扎,便于后期调整;

⑤安装内胎架胎具,内胎架与箍筋之间预留10cm左右的间隙,检查纵向槽口顺直度的精度;

⑥从箍筋内侧、内胎架外侧按图纸布置上部主筋,主筋放置在内胎架卡槽内;

⑦顶升丝杆,将内胎架上的主筋往外扩,靠拢外加强箍筋;

⑧检查主筋和箍筋的位置和纵向顺直度;

⑨沿纵向8~10m间距将主筋和箍筋全断面焊接,然后分区焊接,纵横向均采用跳焊形式,实现主筋的精确定位;

⑩螺旋筋和保护层垫块的安装,使钢筋笼形成整体骨架;

⑪反调内胎架丝杆,使内胎架脱离钢筋笼主筋,拆除内胎架。

(3)根键预留孔设置

钢筋笼螺旋钢筋成形后开始进行根键预留孔位的设置,为了便于分辨和统计将钢筋笼的根键预留的主筋空档分别按照角度编号,编号为0°、90°、180°、270°、45°、135°、225°、315°,共8个方向,预留孔位置定位从桩顶钢筋反算孔位开设位置,周边加强定位。

(4)钢筋笼安装

钢筋笼制作完成后运输至施工现场进行钢筋对接、下放(图2-5)。在转运和吊装过程中,设置多点可靠吊装装置用于保证钢筋笼不变形和弯曲。

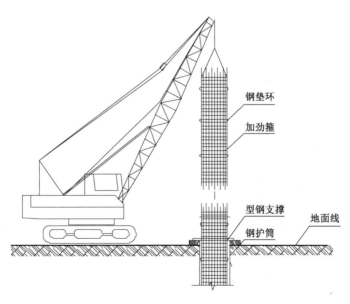

图2-5　钢筋笼下放示意图

2)钢筋笼检验标准

钢筋笼制作、安装及钢筋滚扎直螺纹连接接头检验标准见表2-2、表2-3。

钢筋笼制作、安装检验评定标准 表2-2

编号	检 验 项 目	允许偏差（mm）	编号	检 验 项 目	允许偏差（mm）
1	主筋间距	±10	5	骨架保护层厚度	±20
2	箍筋间距	±20	6	骨架中心平面位置	20
3	骨架外径	±10	7	骨架顶端高程	±20
4	骨架倾斜度	0.5%	8	骨架底端高程	±50

钢筋滚扎直螺纹连接接头检验标准 表2-3

编号	检 验 项 目	允许偏差	备 注
1	2个接头之间最小间距	>35d	d 为钢筋直径
2	接头区内同一断面接头最大百分率	≤50%	
3	丝头的外观质量、尺寸、螺纹直径（大径、中径、小径）	符合规范要求	
4	套筒的外观质量、尺寸、螺纹直径（大径、中径、小径）	符合规范要求	

2.2.4 根键施工

根键从材料选取上可分钢筋混凝土结构、钢结构和混凝土与钢组合结构三种类型。从构造形式上可分等截面或变截面形式，其截面形式可分为矩形、十字形、梯形和多边形，具体形式如图2-6所示。

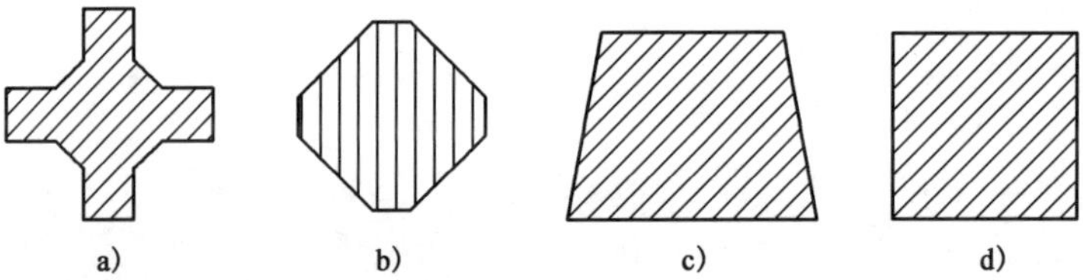

a)   b)   c)   d)

图2-6 根键截面形式示意图

截面尺寸应做到混凝土体积一定时，抗弯、扭惯性矩的优化，同时做到根键布置形式与桩基尺寸的统一匹配。

1）根键预制

根键模板宜采用钢模制作，采用螺栓连接。根键浇筑后在振动台上振捣密实，并做好养护和成品标识工作。根键制作见图2-7。

2）根键顶进

预制成形的根键采用小直径自平衡根键顶推设备，其为适用于直径1.5～3.0m根式钻孔灌注桩的装置。每次顶进一层，每层4～6根根键。

（1）根键顶进流程

将根键顶进设备安装至旋挖钻杆→安装根键至顶进平台卡槽内→平面中心对中→角度调整→下放至设计高程→启动油缸顶进设备→顶进根键→油缸回油→提起顶进设备→准备下一循环作业。

a)

b)

图2-7 根键制作

（2）顶进装置

顶进装置主要由反力架、千斤顶、锥压件三大部分组成，其中反力架由上顶板、滑台和四根连杆连结而成。四件滑台通过加强环形成一体，中间有十字形开槽，槽内放置滑块及根键，滑块卡在滑台的卡槽内使其只能径向移动。锥压件为十字形，锥压件放置在滑台的十字形开槽内，上端与千斤顶相连，在反力架内可轴向移动。其工作原理为：滑块斜面与锥压件的斜面相切，当锥压件受力向下移动时将对滑块产生向下及径向向外的两分力。其中向下分力作用在滑台上，通过连杆对上顶板产生向下的作用力，而千斤顶向下顶压锥压件时会对上顶板产生向上的作用力，对反力架而言，此二力为相互平衡的内力，在轴向上将形成一自平衡系统，同时滑块径向向外的分力作用在根键上将其向外顶出。顶进装置千斤顶顶推力为1600kN（顶进摩阻力计算值180kN）。

根键顶进设备见图2-8。

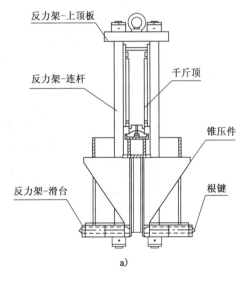
反力架-上顶板
反力架-连杆
千斤顶
锥压件
反力架-滑台
根键
a)

b)

图2-8 根键顶进设备

（3）根键水平定位

在进行顶进施工前，调整旋挖钻钻杆位置，使顶进装置位于钢筋笼中心，防止顶进装置下放过程中剐蹭钢筋笼或同一层根键入土深度不一致。对中方法如下：下放顶进装置至孔口，量测4根声测管至顶进装置外侧的距离，前后左右调整旋挖钻钻杆，使其偏差控制在1cm以内，完成对中。

根键安装、下放对中分别见图2-9、图2-10。

图2-9　根键安装　　　　　　　　　　　　图2-10　根键下放对中

（4）根键竖向定位

钢筋笼制作成形后，以护筒顶面作为垂直方向的控制点，精确控制钢筋笼顶口高程，从而确定每层根键至控制点的距离。以此推算顶进设备钻杆的下放深度。

顶进施工前，先不安装根键，下放顶进装置至高程控制点，对钻杆读数进行清零，安装根键，调整顶进装置平面位置，下放顶进装置至理论高程，完成竖向定位。

根键顶进精度控制见图2-11。

a)　　　　　　　　　　　　　　　　　b)

图2-11　根键顶进精度控制

（5）根键顶进

在根键下放至顶进位置后，启动液压系统，进行根键顶进。当液压系统千斤顶油表压力读数稳定后,且油量不再下降,表示根键顶进到位。

根键顶进后的实物见图2-12。

2.2.5　水下混凝土灌注

首批混凝土浇筑采用拔塞法施工工艺,首盘料采用大料斗,其容纳方量不小于桥规计算值,混凝土沿导管下放。

图2-12　根键顶进后实物图

首批混凝土灌注成功后,随即转入正常灌注阶段,将大料斗撤掉,改用小料斗配合导管进行水下混凝土灌注,灌注的过程中注意导管的埋置深度控制在2～6m,灌注直至完成整根桩的浇筑。

2.3　根式钻孔空心桩基础施工工艺

根式钻孔空心桩是在根式钻孔灌注桩的基础上,通过设置桩身内模系统形成环形薄壁结构,从而减轻结构自重、节省混凝土材料,实现经济节约的目的。根式钻孔空心桩桩径一般为3～6m,对应的根键长度一般为1～2m,可利用国内现有KTY、ZJD系列钻机,根据现场地质情况选择一次成孔或先中心掏孔再二次成孔的工艺。

与根式钻孔灌注桩相比,其主要区别在于大直径桩基成孔和大直径钢筋笼制作安装要求较高,增加了内模的制作与安拆工序,同时,环形薄壁水下混凝土的灌注质量控制要求高。

根式空心桩结构见图2-13。

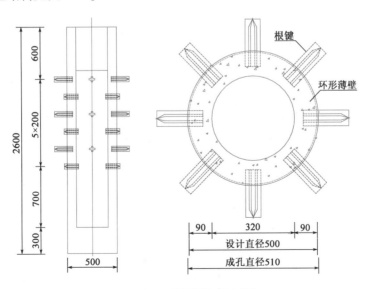

图2-13　根式空心桩结构图(尺寸单位:cm)

2.3.1 施工工艺流程

根式钻孔空心桩基础施工工艺流程如图 2-14 所示。

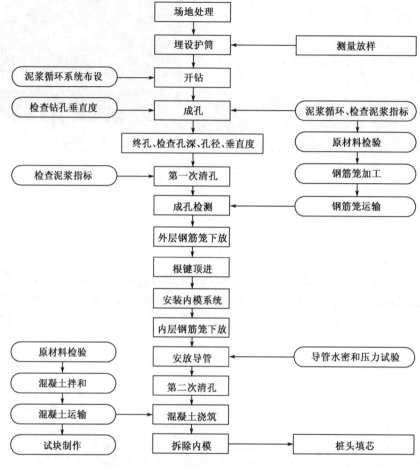

图 2-14 根式钻孔空心桩基础施工工艺流程

2.3.2 钻孔平台搭设及护筒埋设

钻孔平台根据桩基所处的地理环境,按照常规桩基成孔的要求合理选择采用型钢搭设或筑岛等平台形式,满足材料、机械设备进场要求和钻机承载力要求即可。

由于根式钻孔空心桩桩径一般都比较大,因此大直径钢护筒径厚比也较大,自身刚度小、极易变形,也没有如此大的夹具匹配。护筒如不能采用挖埋施工时,宜采用型钢和小直径钢护筒加工制作井字形支架联动装置并配合振动锤进行护筒埋设。

2.3.3 大直径成孔

根式钻孔空心桩基础利用液压回旋钻反循环成孔,为加快大直径成孔速率,可先采用小直径钻头掏孔,再换大直径钻头二次成孔的工艺。

（1）泥浆制备

根式钻孔空心桩施工周期较长，钢筋笼下放和根键顶进均会对孔壁产生扰动，不良地层极易发生塌孔等事故，因此对泥浆的要求更高。

施工时采用优质 PHP 泥浆，并在过程中不断反循环对泥浆进行过滤、净化，始终保持泥浆低密度、高黏度、高悬浮率的关键指标（表 2-4）。

PHP 泥浆制备时性能指标 表 2-4

黏度 （Pa·s）	密度 （g/cm³）	含砂率 （%）	pH 值	胶体率 （%）	失水量 （mL/30min）	泥皮厚度 （mm）
20～25	1.05～1.10	≤1	8～10	≥98	≤15	≤2

（2）成孔施工

钻孔施工前搭设钢管桩基础平台，龙门吊安装钻机初步就位，然后再用全站仪复测钻盘中心位置，调整到位并实施找平，全站仪复测钻杆垂直度，确保桩位中心偏差≤50mm，钻杆倾斜度≤1/120。

钻机就位验收合格后，将其与平台固定、限位，避免在钻进过程中基础发生不均匀沉降或钻机发生位移。

①钻孔

根式空心桩采用 ZJD-4000 型动力头回转钻机反循环成孔。首先采用直径 3m 钻头中间掏孔，然后利用直径 5m 钻头二次成孔至设计桩径。

大直径液压回转钻机成孔见图 2-15。

为了控制超大直径孔精度，钻进过程中，使用全站仪复测钻杆垂直度不少于 3 次。

②成孔检查及清孔

桩基成孔后应按要求进行成孔检查，桩基成孔质量要求见表 2-5。

图 2-15 大直径液压回转钻机成孔

桩基成孔质量标准 表 2-5

项次	检查项目		规定值或允许偏差	检查方法和频率
1	桩位 （mm）	群桩基础中的边桩	$100 + 0.01H$（$d > 1000mm$）	全站仪：每桩检查
		群桩基础中的中间桩	$150 + 0.01H$（$d > 1000mm$）	
2	孔深（m）		不小于设计	测绳量或测孔仪：每桩测量
3	孔径（mm）		不小于设计	探孔器或测孔仪：每桩测量
4	倾斜度（mm）		1/120 桩长	垂线法或测孔仪：每桩检查
5	沉淀厚度（mm）		≤5cm	每桩检查
6	清孔后泥浆指标		相对密度：1.03～1.10；黏度：17～20Pa·s；含砂率：<2%；胶体率：>98%	每桩检查

清孔施工要求见表2-6。

清 孔 施 工 要 求

表2-6

序号	项　　目	成孔检查及清孔
1	泥皮清理	护筒内壁泥皮清理：在钻头安装钢刷，利用钻锥对钢管内壁进行全断面反复清扫，以清除附着在护筒壁上的泥砂
2	终孔及第一次清孔	当钻孔累计进尺达到孔底设计高程后，采用超声波检孔仪检测孔径、孔壁形状和垂直度，经监理工程师验收确认终孔后，立即采用气举反循环清孔。清孔时将钻头提离孔底30cm左右，钻机慢速空转，保持泥浆正常循环，同时置换泥浆。当泥浆指标达到相对密度1.03～1.10、黏度17～20Pa·s、含砂率<2%，并测得孔底沉渣厚度不大于5cm后，停止清孔，拆除钻具，移走钻机
3	第二次清孔	待内层钢筋笼下放到位后，应再次检查孔内泥浆性能指标和孔底沉淀厚度，若超过设计规定，需采用混凝土浇筑导管进行第三次清孔，符合要求后方可灌注水下混凝土

2.3.4　桩基钢筋笼施工

根式钻孔空心桩钢筋笼分为外层钢筋笼和内层钢筋笼，钢筋笼直径大、容易变形，钢筋笼加工困难，根键顶进对钢筋笼的制作精度也提出更高的要求。钢筋笼统一在专用胎架上采用长线法加工成形，内部采用槽钢设置加强圈和三角撑提高钢筋笼的刚度，并采用吊车配合专用吊架进行吊装和下放。

（1）胎架设计

钢筋笼上在根键对应位置设置有根键预留孔，为保障根键水下顶进的顺利进行，钢筋笼制作与下放的精度控制要求高。针对大直径根式钢筋笼高精度制作进行深入分析，专门设计高精度的根式钢筋笼加工胎架。

主筋定位胎架分为上下两部分，下胎架采用型钢连接成框架结构，与地面固定；上胎架为三段可拆式，方便现场施工。箍筋及加强圈采用胎架两侧型钢上设置的定位卡槽进行精确定位。

根式钢筋笼加工胎架见图2-16。

（2）钢筋笼制作

钢筋笼制作前，提前根据钢筋笼设计情况并结合根键预留孔位置等规划好钢筋笼分节。钢筋笼制作步骤如下：

①安置下半圆部分箍筋；

②安置下半圆部分主筋；

图2-16　根式钢筋笼加工胎架

③安置加强圈并与主筋固定，紧靠加强圈安置上胎架；

④安置上半圆部分主筋；

⑤安置上半圆部分箍筋，调整箍筋接头位置，将箍筋焊接为整圆；

⑥将箍筋与主筋焊接固定，将主筋与加强圈焊接固定；

⑦拆除上胎架，完成钢筋笼制作。

钢筋笼制作示意图见图2-17。

a)

b)

图2-17　钢筋笼制作示意图

（3）钢筋笼安装

根式空心桩成孔后先安装外层钢筋笼,在根键顶进、内模安装完成后,再下放内层钢筋笼。

钢筋笼在胎架上分节拆离后,利用吊车配合专用吊架提吊至孔口,利用在钢管桩平台上设置的型钢限位架精确定位,分节接长下放钢筋笼,下放过程中边下放边割除三角撑。

钢筋笼下放示意图见图2-18。

2.3.5　根键施工

根键可根据需要设计为矩形、圆形、椭圆形或十字形等断面,前端一般设钢刃刀,以起到切土和增加破土效果的作用;根键尾端设钢板,以加强根键局部抗压能力。根键既可以采用钢筋混凝土结构,也可以采用钢结构。

（1）根键预制

混凝土根键钢筋骨架在专用胎架上加工完成后,整体吊装入模后安装钢刃刀和尾部钢板,然后浇筑混凝土。钢结构根键在加工场集中制作成形。

根键成品见图2-19。

图2-18　钢筋笼下放示意图

图2-19　根键成品示意图

考虑到土体的差异性,在根键上设限位装置,保证两侧顶进平衡(图 2-20)。

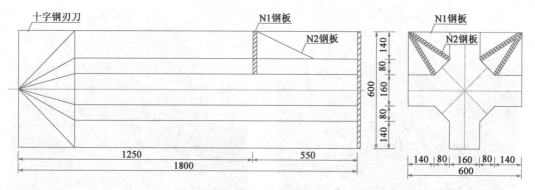

图 2-20　根键限位装置(尺寸单位:mm)

图 2-21　根键机械化安装平台

（2）根键顶进

根键顶进全套设备由顶进装置和顶升平台组成。

①根键机械化安装

根键安放在根键机械化安装平台(图 2-21)上后,根键顶进装置旋转对准、下放并伸出根键托盘,完成根键的机械化安装(图 2-22)。

②顶进装置就位与对中

根键安装完成后,顶进装置携带根键至孔口与外层钢筋笼中心重合。对中方法如下:下放顶进装置至孔口,前后左右调整钻杆,调整根键顶进装置上设置的限位板与对应声测管之间的相对位置,使其偏差控制在 1cm 以内,完成对中。

a)

b)

图 2-22　根键机械化安装

根键顶进平面定位见图 2-23。根键对中见图 2-24。

③根键顶推

根键顶进装置携带根键下放至外层钢筋笼根键预留孔位置,精确对中后开始进行根键顶推。根键顶进分三级对称顶推。通过在顶进装置千斤顶安装行程传感器,在每一级顶推过程中,根键顶升平台操作室内均可以直接监控到根键顶推深度情况,便于施工控制(图2-25)。

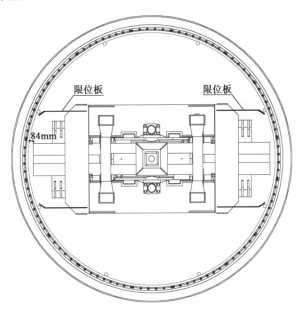

图2-23　根键顶进平面定位示意图

a)

b)

图2-24　根键对中

根键顶进完成后,利用特制探孔器对顶进效果进行检测,两侧根键顶进深度不平衡差值均有效控制在5cm以内,对后续环节施工提供有利条件。

2.3.6　水下混凝土超高压可重复使用内模系统

根式钻孔空心桩内模系统采用自浮式内模,属首次研发并实际运用,实现了水下内模安装的标准化,同时实现了水下内模的周转利用,提高了经济效益。

(1)设计原理

内模采用双壁环形封闭结构,平面分块、竖向分节,通过立柱和十字撑配合对模板进行定

图 2-25　根键顶进

位、约束成圆,使内模形成整体环形结构、具有良好的受力性能,以抵抗超高的混凝土侧压力。同时,通过精确计算,严格控制内模的自重(约等于浮力),使模板实现自浮功能,便于安拆。

(2)设计构造

内模分为底模、标准节模板和顶节模板 3 种。底模为标准节模板的定位基模,不可拆除;标准节采用自浮式构造,设计自重≈浮力,可回收重复利用;顶节模板与标准节模板相似,顶部设置注水、抽水孔,模板下放时用于注水辅助下沉,模板提升时抽水辅助上浮。

内模平面分为 4 块,竖向按 3m 左右进行分节。单节平面 4 块模板通过 4 根立柱与 1 个十字撑组合连接成封闭圆环。模板和立柱底面和顶面分别设置阴阳榫,并内穿钢绞线将模板节段连接成整体。内模标准节构造及加工分别见图 2-26、图 2-27。

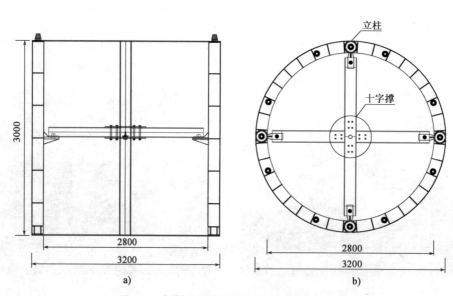

图 2-26　内模标准节构造示意图(尺寸单位:mm)

(3)模板制作

模板内外采用 5~6mm 钢板作为壁板,竖向每隔 50cm 设置一道加劲环肋,环向每 27cm 设置一道加劲竖肋,加劲肋板厚 8mm,顶底板厚 12mm。壁板、顶底板和肋板间通过满焊连接成封闭结构,实现模板的浮力。内模由专业钢结构公司采用数控设备在定型胎架上加工制作。

模板加工制作质量要求见表 2-7。

图 2-27　内模标准节加工示意图

模板加工制作质量控制表 表2-7

序号	项 目	允许偏差(mm)	序号	项 目	允许偏差(mm)
1	高度	±10	5	节段间隙	≤2
2	直径	±5	6	节段错台	≤1
3	垂直度	≤3	7	立柱与模板两侧间隙之和	≤8
4	模板周长	≤2	8	自浮构造	浮力≈自重

（4）模板安装

模板安装时,以外层钢筋笼钢筋为参照,根据钢筋笼的中心和内模尺寸,在孔口设置模板安装限位架并调平,保证模板安装的定位精度,同时避免内模与外层钢筋笼相对位置偏离出现内模或内层钢筋笼下放安装时剐蹭已顶进根键的尾部而无法安装的现象。

模板水平分块、竖向分节,利用立柱作为模板竖向安装的导向,上下两节模板设置阴阳榫头对接,并采用分节钢绞线配合连接器将模板串联成整体,保证模板安装精度。顶节模板设计注水孔,模板下放时注水辅助下沉,模板拆除时抽水辅助上浮,方便安拆。

内模安装见图2-28。

图2-28 内模安装

2.3.7 环形薄壁水下混凝土灌注

环形薄壁水下混凝土灌注,由于环形结构的特殊构造,其设置的内模和根键会不同程度地阻滞混凝土流动,导致环形区域混凝土面抬升速度不一致,抬升快的覆盖抬升慢的,使混凝土夹渣,出现质量事故。因此,环形薄壁水下混凝土首次灌注前,宜进行现场浇筑模拟试验,以确定合适的混凝土坍落度等指标和导管布置间距等工艺参数。

混凝土浇筑模拟试验见图2-29。

环形薄壁水下混凝土通过均匀布置的多根导管利用泵车同步泵送供料进行浇筑。浇筑过程中,每根导管位置安排1组人员专门负责测量混凝土浇筑速度和拔管速度,确保环形薄壁混凝土面整体抬升速度尽可能保持一致,保障混凝土浇筑质量。

水下混凝土灌注见图2-30。

混凝土浇筑完成,终凝后适当提拔、松动立柱,然后拆除立柱的十字撑、拔出立柱,回收标准节模板和顶节模板,修整后重复利用。

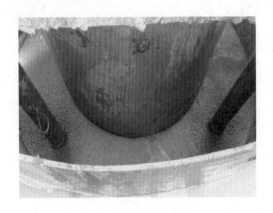
图 2-29 混凝土浇筑模拟试验

图 2-30 水下混凝土灌注示意图

2.4 根式钻孔沉管基础施工工艺

2.4.1 施工工艺流程

根式钻孔沉管基础主要由永久模板的钢壁结构、管身混凝土及顶入的钢筋混凝土根键组成。钢壁由内外层钢壁板、壁板环向加劲、壁板竖向加劲、径向连接件及桩体钢筋组成,内外层钢壁板、壁板环向加劲、径向连接件和钢筋共同参与桩体受力。

根式钻孔沉管基础及管身钢壁结构见图 2-31。

新型根式钻孔沉管基础施工结合了常规钻孔灌注桩和沉井的一些方法,其主要施工特点如下:

(1)采用常规钻孔灌注桩的"钻埋法"施工,超大直径成孔。

(2)常规沉井基础采用"预制下沉法",新型钢壁根式钻孔沉管基础采用整体"水下现浇法"。

(3)超长管身钢壁分节下沉类似于无底钢围堰施工。

(4)沉管管身混凝土灌注采用"清水现浇",保证了混凝土施工质量。

(5)根键与沉管管身整体性良好、刚度大,充分调动周边土体承载力,提高竖向承载力和水平向抗冲击力。

根式钻孔沉管基础采用"水下现浇法"施工,分为半成品制作、成孔施工、沉管管身施工、根键及根键封闭施工、封顶施工五个阶段。

(1)半成品制作:利用生产场地内龙门吊进行沉管管身钢壁节段的制作,根键内外钢套加工、根键预制。

(2)成孔施工:钻孔施工平台搭设完成后采用 KTY4000 型动力头钻机成孔、清孔。

(3)沉管管身施工:成孔后,采用注水下沉的方式,通过墩位龙门,逐节段进行钢壁下沉;钢壁就位后,采用气举反循环工艺循环孔内泥浆,达到指标要求后进行水下封底混凝土施工,然后侧壁回填碎石后沉管管身内采用气举反循环清底,最后采用多导管法同步进行水下现浇管身混凝土浇筑。

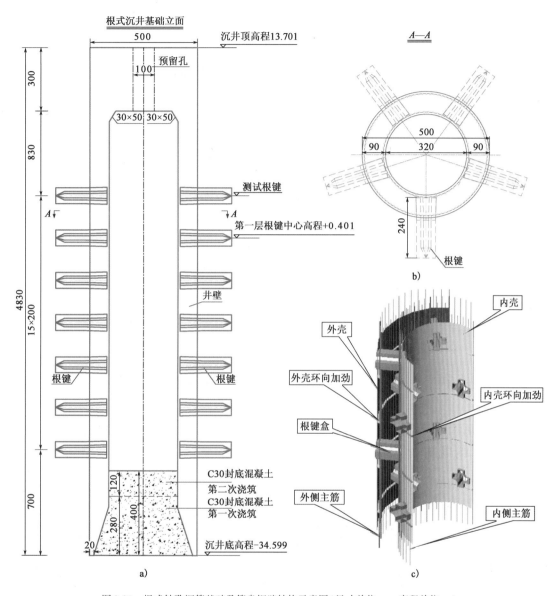

图 2-31　根式钻孔沉管基础及管身钢壁结构示意图(尺寸单位:cm;高程单位:m)

(4)根键及根键封闭施工:沉管管身混凝土施工完毕后,利用吊车安装根键顶进平台;拟采用350t大行程多级液压千斤顶进行根键的顶进施工;逐层顶进根键后,焊接内壁封端钢板封闭,单个管身根键施工完成后,进行外侧壁压浆,最后进行根键尾端封闭压浆,永久止水。

(5)封顶施工:根键封闭压浆施工完毕后,进行沉管管身封顶施工,至此根式沉管基础施工完成。

根式钻孔沉管基础施工流程见图2-32。

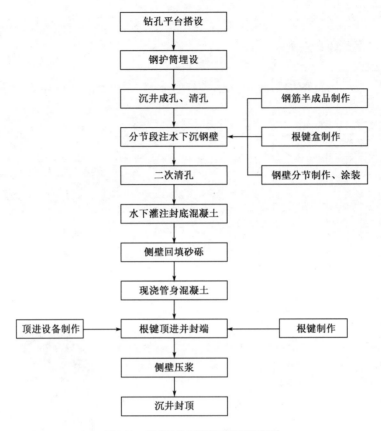

图 2-32　根式钻孔沉管基础施工流程图

2.4.2　钢壁制作

1）钢壁结构设计及分节

（1）钢壁结构

内、外层钢壁板均采用厚度不小于 6mm 的钢板卷制。内壁环向加劲肋为钢板切割成形，外壁环向加劲肋为不等边角钢卷制成形。环向加劲肋设在每层根键外钢套下方，间距为设计的上下两排根键排间距。无根键范围设置竖向加劲角钢，布置在根键盒两侧投影线位置；有根键段的竖向杆和径向撑为无根键段的 1/2。

（2）钢壁分节

钢壁由内外层钢壁板、壁板环向加劲、壁板竖向加劲、径向连接件以及桩体钢筋组成（图 2-33）。根据根键位置和机械起吊能力合理划分节段。

2）钢壁节段制作

（1）钢壁节段制作流程

步骤一：内胎架制作（图 2-34）

内钢壁胎架制作前，先对胎架场地平整并采用混凝土进行硬化处理，同时在内外侧钢壁投影环上预埋钢板。

内钢壁制作需在固定胎架上环向拼装焊接,胎架采用型钢焊接成两组三棱形框架,然后安装到对应胎架预埋钢板上,严格控制垂直度,再将内钢壁环形限位钢板安装到位,完成内钢壁胎架安装。

步骤二:内层钢壁制作(图2-35)

内层钢壁制作前,利用在胎架底座基础预埋的钢板上焊接钢板调平,现场测量复测合格后固定,保证调平钢板在同一水平面上。

为便于安装,环向分成2块加工,在内壁胎架上对接,拼焊成标准圆环。钢板在内胎架上焊接前用卷板机卷制成环形,用龙门吊配合安装。内钢壁节段每一层钢板加工时,由胎架限位环形钢板确定钢壁尺寸,钢板检查竖向接缝连接平齐、上下口水平,再利用垂线法检查其垂直度,满足要求即可进行竖向拼缝焊接。

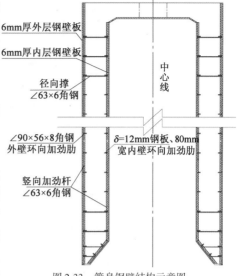

图2-33　管身钢壁结构示意图

a)

b)

图2-34　内胎架制作

步骤三:内外环向加劲肋与径向撑组合件加工

每节段内钢壁加工完成后,在钢壁对应位置开孔(根键盒安装孔位),开孔前用三合板制作胎模,在钢壁上准确放样划线后开孔(图2-36)。

内层钢壁加工的同时,在场地内加工内、外环向加劲肋与径向撑组合件(图2-37)。组合件在固定胎模上加工。内壁环向加劲肋用钢板切割成形,外壁环向加劲肋用角钢卷制成形,用角钢向连接焊接,径向撑在根键盒投影范围不影响导管安装(图2-38)。

步骤四:内壁主钢筋安装及根键盒临时安装固定(图2-39、图2-40)

当节段加劲组合件安装完成,根键盒临时固定后再进行内壁竖向主筋的安装。将根键盒前端架在径向撑上不影响外钢壁板安装的位置临时固定,然后再安装内壁竖向钢筋。

a) 内钢壁制作图

b) 内壁加工完成

图 2-35　内壁制作与加工

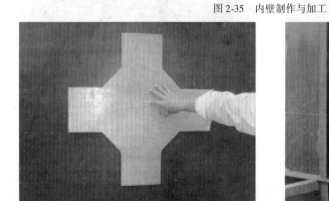

a)

b)

图 2-36　内壁开孔

图 2-37　加劲肋与径向撑组合件定型加工

图 2-38　环向加劲安装

图2-39　钢筋安装　　　　　　　　　　图2-40　根键盒临时安装固定

步骤五:外壁钢板安装、根键盒焊接、外壁主筋及环向钢筋安装(图2-41、图2-42)

内壁主筋及根键盒临时固定完成后,再逐层安装外壁钢板,分层安装。外钢壁环向分成2块加工。先用卷板机卷制成半圆环,再安装到外环向加劲肋上。

图2-41　外钢壁加工及根键盒　　　　　图2-42　钢壁钢筋安装完成
　　　　　安装固定

步骤六:外壁压浆管、剪力钢筋及挡水板安装(图2-43、图2-44)

图2-43　压浆管临时固定　　　　　　　图2-44　挡水板安装

外钢壁安装完成后,安装外壁压浆管和剪力钢筋。

压浆管每节长度与钢壁长度一致,用钢筋环形箍限位在竖直线上同一位置,每节段压浆管上口设置临时固定形式,在对接时可适当调整位置。最后安装剪力筋,安装时要注意钢壁节段下放时的限位装置位置及转换牛腿位置。

在内外钢壁焊接完成后及时对所有焊缝做渗漏检查,自检合格再做超声探伤检测,对不合格部位及时按规范标准整改,确保焊缝质量(图2-45、图2-46)。

图2-45 单节钢壁加工完成

图2-46 焊缝超声探伤检测

(2)钢壁节段下沉吊点及内支撑

在每节管身钢壁节段的内壁上端接头位置设置4个临时吊点,吊点设置成倒牛腿形式,每个点利用精轧螺纹钢筋作为吊杆与吊架连接,在吊点对应位置焊接内支撑,减小吊装过程钢壁板变形。

(3)内层钢壁防腐

由于内层钢壁为外露面,管身钢壁节段加工完成后,对内层钢壁进行防腐处理。先喷砂除锈,然后防腐涂装(图2-47)。

a)

b)

图2-47 防腐涂装及涂装检测

2.4.3 根键预制

1)根键内钢套加工

根键内钢套加工,严格按设计尺寸下料,分类堆放,统一打磨,保证各个拼缝顺直。由于钢板较薄,焊接易变形,采用相应的措施防止变形。根键内钢套加工采用同一套模架,做到加工尺寸统一。

2)根键外钢套加工

根键外钢套与内钢套匹配加工,一个内钢套对应加工一个外钢套,做到内外钢套一一匹配。

外钢套加工完成后及时与内钢套统一编号。外钢套加工完成后即可进行止水橡胶安装,安装前必须把外钢套套在专用固定架上安装,确保止水橡胶安装前后钢套保持原状不变形。

3)根键预制

(1)根键预制台座设置(图2-48)

根键预制台座为3个条形混凝土基础,用作根键模板安装定位,可同时预制10根根键。3个条形台座基础按根键纵向线形设置坡度,确保每根根键轴线水平,截面尺寸标准。

a)   b)

图2-48 根键预制台座

(2)根键预制

根键在预制场集中预制,并一一对应编号,保证根键顶进时内外钢套紧密结合。预制根键混凝土采用普通C30混凝土,坍落度控制为(140±20)mm,由混凝土罐车运至施工现场后利用手推车进行浇筑,因根键内钢筋密集,采用小直径振捣棒振捣。

根键钢筋制作、根键混凝土浇筑分别见图2-49、图2-50。

2.4.4 成孔施工

1)成孔施工流程(图2-51)

2)钢护筒施工

试桩钢护筒钢板壁厚ϕ12mm,护筒外围采用型钢加强,内设支撑减小吊装变形。钢护筒在加工场内分节制作、接长,再用平板车运至施工现场,采用基坑开挖、直接埋入、回填优质黏土的方式埋设,护筒顶按高出地面1.0m控制。

图 2-49 根键钢筋制作

图 2-50 根键混凝土浇筑

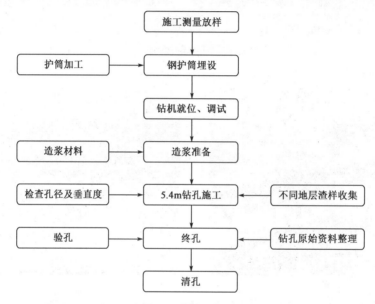

图 2-51 成孔施工流程图

图 2-52 现场钻机

3）成孔施工

（1）成孔设备

①钻机选型

通过国内多方考察，选用用武桥重工生产的 KTY4000 型动力头钻机，该钻机扭矩大、钻孔深，采用气举反循环出渣工艺，配有刮刀、滚刀两套钻头，钻头重，采用增重减压钻进方法，提高钻进效率。现场钻机见图 2-52。

②空压机和泥浆净化器

钻机配备电动移动螺杆式空压机和 ZX-250 型泥浆净化器，作为钻孔排渣和除砂设备。

③泥浆循环系统布设

钻孔泥浆循环设置一个泥浆池、一个沉淀池及一个泥浆过滤箱。

（2）成孔质量控制措施

①泥浆配合比控制

试桩采用化学造浆制备泥浆,泥浆主要由膨润土、水、纯碱、羧甲基纤维素和聚丙烯酰胺配制而成(表2-8)。

泥 浆 配 合 比　　　　　　　　　表2-8

水（kg）	膨润土（kg）	羧甲基纤维素（kg）	聚丙烯酰胺（kg）	纯碱（kg）
1000	80	1.0	1.2	2.4

钻进过程泥浆性能指标见表2-9。

钻进过程泥浆性能指标　　　　　　　　表2-9

成孔	地 层 情 况	相 对 密 度	黏度（Pa·s）	含砂率（%）	胶体率（%）	酸碱度（pH）
成孔过程	黏土层	1.18~1.38	18~23	0~2	≥98	8~9
	砂层	1.25~1.42	21~25	1~4	≥98	8~9
	砾石层	1.14~1.23	19~22	0~1	≥99	8~9
终孔	—	1.22	22	<0.5	100	9

②成孔过程钻进参数控制

不同地层钻孔参数见表2-10。

不同地层钻进参数　　　　　　　　表2-10

地 层	钻压（kN）	转数（r/min）	进尺速度（m/h）	钻 头
护筒底口地层	<100	3~4	0.2~0.5	刮刀钻头
黏土层	50~150	3~4	0.2~1.0	刮刀钻头
砂层	50~150	3~4	0.2~1.0	刮刀钻头
砾岩	300~350	1~2	0.02~0.1	滚刀钻头

③泥浆指标检查和成孔垂直度控制

钻孔过程中每4h对泥浆各项指标检测一次,根据泥浆情况作出相应的调整,并且每天进行2~3次抽查泥浆指标抽查,每天对钻机平整度和钻杆垂直度检查,确保泥浆护壁效果和成孔垂直度(图2-53)。钻进至不同地层及时取样并做好记录,根据钻孔记录对比实际地层与设计地层的差异。

④成孔检测

成孔后采用测孔仪进行成孔质量检验。通过对成孔孔形的分析,计算成孔的孔径、孔深及垂直度。

2.4.5 钢壁下沉

1）钢壁下放导向设施

管身钢壁节段下放时,为保证管身钢壁垂直顺利下放,设置导向设施,保证钢壁垂直度。

根据钢壁结构特点,底节部位设置前导向,顶部在下放支架上设置上层导向,上层导向采用I20工字钢,沿钢壁周边对称布置4个,上导向每边距外钢壁2cm,由测量精确放样定位(图2-54)。

a)   b)

图2-53 检测泥浆质量

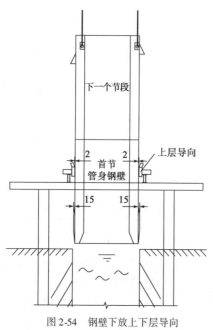

图2-54 钢壁下放上下层导向
示意图(尺寸单位:cm)

2)管身下放

管身钢壁下沉采用注水下沉的方式。采用龙门吊提升,先利用自重下沉到平衡深度后,分别从管身4个方向同时注水,注水速度不宜过快。注水的同时,缓慢下放钢壁管身,为了确保下放平稳,注水过程中龙门吊提升应保持受力状态。

管身钢壁安装下放程序见图2-55。

3)钢壁下沉控制措施

(1)钢壁下沉导向

管身钢壁节段下放时,为保证管身钢壁顺利下放,在首节钢壁外壁下口设置前导向设施,在平台上再设置一道型钢限位,从而保证钢壁下沉过程不刮孔壁(图2-56)。

(2)钢壁节段对接(图2-57)下沉

①首节钢壁按设计中心位置下放到位临时固定,全站仪复测中心坐标并调整到位;

②其余钢壁节段下沉时,内钢壁下放至导向钢板上,使上下内钢壁间位置大致重合,然后全站仪测量中心对中后,对接焊接;

③内钢壁对接焊接,管身钢筋及竖向加劲杆采用搭接焊接,外钢壁采用外包钢板的形式搭接焊接,内外钢壁焊接后布设加劲板焊接加强。

(3)钢壁下沉到位固定

钢壁下沉到位,上口需要固定对中,保证钢壁在孔内顺直(图2-58)。由于顶口低于原地面孔口,需要用型钢焊接在钢壁上并延长倒挂在钻孔平台的型钢上固定(图2-59)。

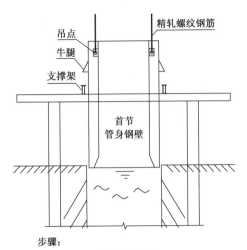

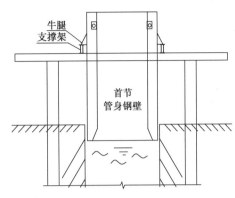

步骤：
①孔口安装临时支撑架。
②使用龙门吊吊运首节管身钢壁节段至孔口正上方。
③注水下放首节钢壁，牛腿位置至支撑架上方时，停止注水。

④首节搁置在支架上后，解除吊钩，准备起吊下一节。

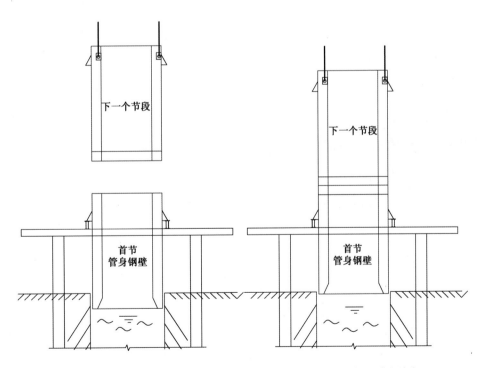

⑤移开吊具，吊装下一节段，至先前节段顶部。

⑥连接内外侧主筋、竖向加劲肋。
⑦连接外层连接段钢板；焊接内外钢壁板。

图　2-55

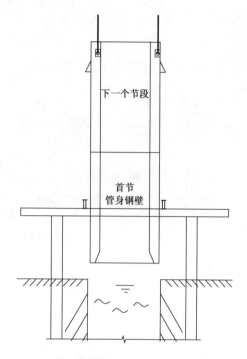
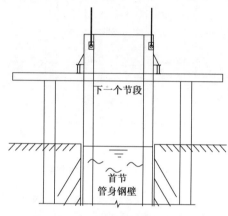

⑧起吊管身,使牛腿脱离支撑架。
⑨割除牛腿、吊点。

⑩注水继续下放管身钢壁,按上述步骤开始循环
安装,至管身钢壁下放完毕。

图2-55 管身钢壁安装下放程序

a)

b)

图2-56 钢壁前导向结构

2.4.6 管身施工

1)混凝土封底

钢壁安装完成,下放到位后进行封底混凝土施工。封底混凝土厚度根据成孔直径和钢壁尺寸等实际情况综合而定。封底混凝土采用"埋管法"浇注,灌注紧凑、连续进行,严禁中途中断,出现问题要及时处理。浇筑前制订应急预案,并备有发电机,以防突发事件的发生。

(1)孔内泥浆循环

封底前测孔底无明显沉淀,分别对3根导管采用反循环将孔内泥浆循环,循环后孔底无沉淀,泥浆控制指标:相对密度为1.20,黏度22Pa·s,含砂率<0.5%。

a)

b)

图 2-57　钢壁节段对接

图 2-58　钢壁下沉到位

图 2-59　钢壁上口支撑固定

（2）水下封底混凝土灌注

封底采用 3 根导管施工（图 2-60），导管接头采用快速内丝螺纹接头，使用前进行水密、抗拉试验。首批料采用 3 个储料斗同步下料的方法，保证封底混凝土浇筑的均匀同步性。为保证在浇筑混凝土的过程中钢壁不上浮，采取上口固定的措施。

2）外侧壁回填

侧壁回填在封底混凝土浇筑后进行，选择间断级配的碎石作为填充料，利用碎石间的空隙作为后续压浆流通通道，碎石粒径控制在 10~40mm，沿环向布置 5 个下料管投料（图 2-61）。

3）管身混凝土施工

封底混凝土强度达到设计要求后，侧壁回填碎石，再将管身内沉渣清除，最后现浇管身混凝土。

（1）混凝土灌注采用"埋管法"施工，共布设 2 个导管，集中料斗供料，浇筑时保证各导管浇筑同步，利用龙门吊或吊车提升导管灌注混凝土，混凝土通过罐车直接卸料和泵送的方式进入储料斗。由于钢壁内结构件较多，为避免提拔导管挂钢筋等现象，需设置导管导向架，导向架在钢壁加工时安装。

图2-60　3根导管封底

图2-61　首批料5个料斗同步下料

（2）浇筑时随时注意观察导管内混凝土下降和孔内水位升降情况，及时测量并记录导管埋置深度和混凝土面高度（正常情况下，每车浇筑完后测量一次），正确指挥导管的提升和拆除。导管提升时应保持轴线竖直和位置居中，逐步提升，导管的埋深一般控制在2~6m范围内。

（3）混凝土灌注至离设计高程6~7m时，应勤量孔深，准确计算混凝土面距设计浇筑面的高度，以便计算所需混凝土方量。

（4）桩头高程控制在设计高程，或者稍低于设计高程。

2.4.7　根键顶进施工

根式钻孔沉管基础的根键顶进施工技术目前已有很大程度的改进和提高，形成了基于施工平台顶进和全机械化单臂装置顶进两种方法。

1）基于施工平台顶进（方法一）

施工平台顶进方法采用汽车吊辅助安装，大吨位千斤顶从上往下逐层顶进。辅助装置主要包括全方位可调顶进平台、慢速卷扬机组、大吨位长行程多级千斤顶等。使用该方法机械化程度不高，需人员下孔作业，同时必须进行必要的止水措施。

该平台分三层，即底层提升平台、中层旋转平台、顶层调整平台。提升平台设8个吊点，旋转平台保证360°旋转，调整平台具有对中就位调节功能（图2-62、图2-63）。

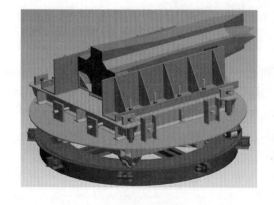

图2-62　根键顶进平台模型

图2-63　根键顶进平台实物图

为满足根键的调节精度和吊重要求,顶进平台的提吊系统(图2-64)选用4台5t慢速卷扬机牵引,为兼顾顶进平台能整体同步升降和单个吊点高度调节,卷扬机组开关设计成联动和点动相结合的方式。根键顶进采用定制的YDE350型液压单向二级顶推千斤顶。

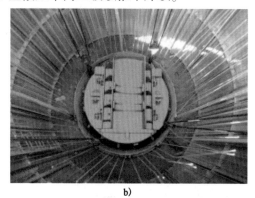

a)　　　　　　　　　　　　　　　　　b)

图2-64　顶进平台提吊系统

将根键精确定位调整,必须将根键、千斤顶、钢支垫调节在同一轴线上,其角度偏差小于5°。安装根键后,将平台下放至预留根键孔处上,保证根键轴线与预留孔轴线一致。泵放在井内平台上加压,千斤顶开始顶进,一个行程顶进完成后回油。用水平尺、钢卷尺等量具检验根键顶进效果是否满足设计要求,自下而上完成根键顶进(图2-65、图2-66)。

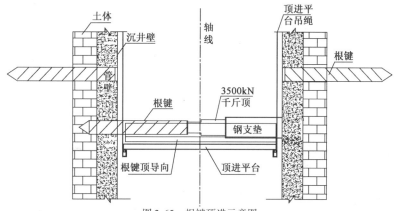

图2-65　根键顶进示意图

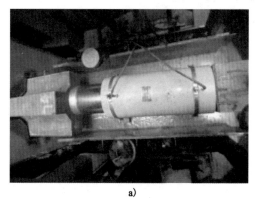

a)　　　　　　　　　　　　　　　　　b)

图2-66　根键顶进

2）全机械化单臂装置顶进（方法二）

全机械化单臂装置顶进，采用履带吊配合专门研发的单臂顶进装置施工。安装根键后下放顶进设备，通过自带的吊杆下放数显系统及布置必要的传感器，达到精确定位、信息化顶进的效果。使用该方法机械化程度高，无需人员下孔作业和止水施工。在装置加工完成后，该方法实际操作简单，安全可控。顶进平台主要构造见图 2-67。

图 2-67　顶进平台主要构造示意图

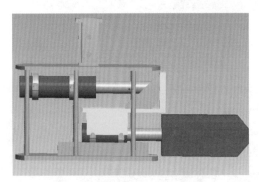

图 2-68　单臂顶进装置完成根键顶进

单臂顶进装置由主体框架结构、千斤顶以及连接件组成，千斤顶分上下两部，上部千斤顶负责一级顶进，一级顶进阻力较小，通过"Z"形连接件将上部千斤顶的水平推力转换为根键的顶推力。上部千斤顶行程走完后，一级顶进完成。之后向下部千斤顶供压，开始二级顶进。下部千斤顶直接作用在根键末端，将根键水平推出，行程走完后完成根键顶进（图 2-68）。

全机械化单臂装置顶进方案，借助履带吊的提升功能，能够快速精确提升和定位。施工时在基础孔口将根键装入装置后，借助履带吊的控制系统精确下放至设计预留孔位，通过顶进装置油压控制设备操控千斤顶供压，有序实施一、二级顶进，完成根键顶进。

3）外壁压浆

（1）压浆管道设置

沉管外壁与土体间采用碎石回填，需要压注水泥浆液将碎石空隙填充密实，固结成整体，保护外钢壁不锈蚀。压降管布置形式视实际工况综合确定，管道采用圆形无缝钢管，在管身钢壁节段下沉前安装固定（图 2-69）。

（2）水泥浆制备

压浆浆液由普通硅酸盐水泥、膨润土、水、减水剂组成，外壁压浆所用的水泥浆中水泥用量按试验配比配置。施工中用储浆筒来保证水泥浆的连续供应，进入筒内的浆体经过 2mm 网眼过滤,浆体的流动性控制在 10 ~ 17s。

a)

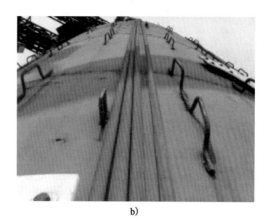
b)

图 2-69　压浆管固定

（3）外壁压浆

在井壁外侧压浆前,先从压浆管中压入清水,检查压浆机械设备的完备性和压浆管道的通畅性,然后在拌浆机中加入膨润土拌和成优质泥浆,通过压浆机将其从外壁 5 根压浆管中压入,用以置换桩侧腔体内不洁泥浆,直至孔口流出新鲜泥浆。清除外壁腔体泥浆后,为确保桩侧压浆时的压浆压力,除留排浆孔外,用尼龙袋装好黏性土压在桩侧的填石上面,将外壁腔体密闭。在压浆过程中按照从下向上依次将各截面管道压浆,直至排浆管孔口流出纯水泥浆为止。

4）根键封闭压浆

根键设计嵌入沉管内壁一段距离,用封端钢板密封,再用水泥浆液封闭锚固根键,达到永久止水功能。由于封闭压浆量少,单个沉管根键顶进完成后一起压浆,封端钢板上下口位置预留两个阀门,采用常规压浆工艺下口阀门作为进浆口,上口作为出浆口,出浆浓度和压力双控,以压力控制为主,保证压浆质量。根键封闭压浆见图 2-70。

图 2-70　根键封闭压浆

2.5　根式沉井基础施工工艺

根式沉井基础是在传统的预制沉井的基础上,通过锚固根键而形成的一种新型沉井基础,可充分发挥基础与土体的共同作用,有效提高材料利用率和基础承载力。

鉴于施工装置及根键受力合理化考虑,目前根式沉井基础直径可选范围大于 5m。

2.5.1　施工工艺流程

根式沉井基础施工的主要流程包括六个步骤,即沉井立模、制作,沉井接高,沉井下沉,封底,根键顶进,内衬浇筑。自平衡多级根键顶进装置工作原理示意图见图 2-71。

a)首节沉井立模及制作

b)沉井接高

c)取土下沉

d)空气幕辅助下沉

e)下沉到位

f)封底

图2-71 自平衡多级根键顶进装置工作原理示意图

（1）节段预制拼装

计算单节最大重量确保预制施工具有可行性。采用预制施工可提高构件质量，有利于确保沉井的施工质量和尺寸精度，在施工组织合理的前提下，可实现多个工序可以平行作业，有利于确保基础施工工期。

（2）根键集中装配

根键集中预制场地布置、存放场地布置、流程安排直接影响根键预制速度，安排不妥甚至直接影响总工期。通过研究和探讨,在根键集中预制施工中摸索出一套完整的工艺。

①模板制作

根键钢套和模板由钢结构加工厂匹配加工,内外钢套在固定的钢桁架胎模上匹配加工,统一编号。

②根键预制场地硬化

将预制场地内表层种植土挖除,回填50cm厚片石并压实,然后浇筑15cm厚C20混凝土并找平作为预制场。

③根键钢筋笼制作

根键钢筋笼在专门场地提前预制,分类编号、挂标识牌后堆放在指定区域内。钢筋笼制作满足《公路桥涵施工技术规范》(JTG/T F50—2011)要求。

④模板安装、钢筋笼安装

安装程序如下:根键底模安放在枕木并调平垫实→安装内钢套及钢刃刀→安装钢筋笼(注意保护层厚度并与钢刃刀焊接)→焊接顶板→安装根键外模。

⑤混凝土浇筑

根键混凝土采用细集料混凝土,用小直径振捣棒振捣密实。

⑥根键存放

根键采用专用夹具吊装,防止根键损伤。

根键保湿养生达到吊装强度后(设计强度的70%),按内外钢套匹配的编号进行统一编号,按"先顶进在上、后顶进在下"的原则堆放。

(3)根式基础助沉措施

①根式基础外侧开挖助沉

在该施工区域,根据现场实际情况,根式基础接高至第6、7节后,抓斗取土、空气幕助沉较为困难,首先考虑结合纠偏需要将根式基础外侧开挖一定深度减小摩阻力,以增大下沉系数,起到助沉效果。

②加配重助沉

根式基础在抓斗取土、空气幕助沉、开挖的情况下难以下沉时,可在基础顶面布置压重支撑型钢平台,在平台顶堆放根键、钢筋或铁砂等重物以增大基础下沉系数,使根式基础下沉到位。

根式沉井分节预制并分次下沉至设计高程,施工过程采用抓斗管内出土、空气幕、降水井及压重辅助下沉,采用双层刚性桁架框导向定位、空气幕及不均衡出土等措施实现纠偏就位。沉井下沉至设计高程后封底抽水形成干体施工环境,然后采用千斤顶顶入根键并浇筑内衬混凝土使根键与沉井固结形成根键式沉井复合基础。主要施工内容包括沉井施工区域地基处理、导向架施工、沉井制作、沉井下沉、沉井封底、根键预制、根键顶进、管壁后浇混凝土浇筑及沉井周边地基加固处理等。

2.5.2 根式沉井制作

1)首节沉井施工

(1)地基处理

首节沉井一般高度高、自重大,需经计算并适当进行地基处理。一般通过挖除种植土、分

层回填中粗砂并压实、铺设枕木、枕木上铺设一定厚度的低标号砂浆并找平的处理措施进行地基处理。沉井首节浇筑地基处理见图2-72。

（2）内外模板支立

砂浆洒水养生达到强度后，在其上支立内模，待钢筋绑扎完成后进行外模支立（图2-73、图2-74）。内外模板均由专业钢结构加工厂加工，加工质量满足施工规范和组合钢模板技术规范要求。内模刃脚处可采用顶托和 $\phi48$ 钢管进行模板竖向和水平向支撑。

图2-72　沉井首节浇筑地基处理

模板拼装严格按设计图纸进行，模板板面之间平整、接缝严密、不漏浆；妨碍绑扎钢筋的模板待钢筋安装完毕后安设；外侧模板和非承重内模在试验人员检测混凝土强度达到2.5MPa后拆除，刃脚模板在混凝土养生7d之后拆除，所有模板拆除顺序按先支后拆，后支先拆进行。

图2-73　首节沉井内模安装

图2-74　首节沉井外模安装

（3）钢筋绑扎

钢筋经检验合格后进场，按下垫上盖的防护要求，不同钢种、等级、牌号、规格以及生产厂家分别验收，分类堆放，且明确设置标识。钢筋在后场按设计图纸统一制作，然后运至施工现场进行绑扎，利用导向架平连铺设木板作钢筋绑扎施工平台，钢筋间距、搭接长度、保护层厚度等控制尺寸均满足设计和规范要求（图2-75）。

（4）混凝土浇筑

混凝土浇筑按水平分层每层30cm厚浇筑，坍落度控制在（150±10）mm，初凝时间控制在20h以内，宜采用汽车泵泵送（图2-76）。

为保证混凝土浇筑质量和施工的安全操作，混凝土浇筑在沉井基本处于静态状态下进行，浇筑须均衡，并且防止出现混凝土冷缝。

在次节沉井钢筋绑扎前对前一节沉井顶面进行凿毛，以保证混凝土的连接强度。

测控组对各节沉井从立模到混凝土浇筑完成过程进行沉降观测（表2-11、图2-77），确保接高过程结构物安全。

图2-75　首节沉井钢筋安装　　　　　　　　　图2-76　沉井混凝土浇筑

沉井施工过程中沉降观测结果表（样表）　　　　　　　　表2-11

点　位	测　量　时　间				高　差　（mm）		
	1	2	3	4			
	空载前高程	立模后高程	浇筑1/2后高程	浇筑完后高程	1与2	1与3	1与4
东							
西							
南							
北							

2）沉井其他节段接高施工

沉井接高按立内模、绑扎钢筋、预埋根键外钢套及空气幕管道、立外模、混凝土浇筑的顺序进行。立模和钢筋绑扎各项要求与首节施工相同,在进行混凝土浇筑时均匀对称进行,防止沉井因受力不均而产生偏斜。

沉井第2、3节单节接高下沉,第4、5节两节接高一次下沉。在此4节接高时,沉井刃脚悬空下沉系数接近或大于0.9,沉井接高过程中不稳定,现场采取对刃脚回填砂土的措施以满足稳定性要求。沉井第2~5节接高前刃脚回填见图2-78。

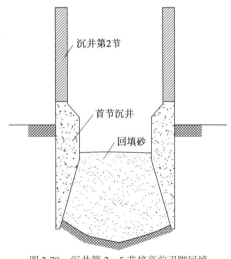

图2-77　沉井混凝土浇筑过程中沉降监测　　　　图2-78　沉井第2~5节接高前刃脚回填

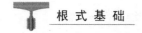

第6~9节接高时下沉系数小于0.9,满足稳定性要求。在每次沉井快下沉到位时,开启空气幕挤土下沉,使刃脚周围土体挤密,以增加沉井整体稳定,并防止偏斜。

2.5.3 沉井下沉

沉井下沉前,对下沉系数进行详细计算,针对沉井在浇筑过程中不稳定状态、部分节段在下沉过程中下沉系数偏小等情况制订相应的施工预案,在实施过程中取得了良好效果。

1)沉井下沉系数计算分析

下沉系数按降排水下沉工艺计算,下沉系数 K 计算公式如下:

$$K = \frac{G + F_3 - F_4}{F_1 + F_2}$$

式中:G——沉井自重;

F_1——刃脚下地基土的正面反力;

F_2——侧壁摩阻力;

F_3——施工荷载;

F_4——水浮力。

当沉井在接高过程重下沉系数小于0.9时,可满足施工稳定性要求;在下沉过程中大于1.15时,下沉比较顺利;下沉过程中下沉系数大于1.05时,可下沉到位。

2)沉井下沉辅助措施

(1)设置导向架

导向架是沉井下沉过程中重要的限位纠偏措施。沉井前3节下沉时由于外露地面多,下沉时容易歪斜,所以利用刚度大的导向架并及时纠偏,是确保沉井准确下沉到位的前提条件。现场可采用4根长20m的 $\phi630 \times 10mm$ 钢管桩作定位桩,入土12m以上,相邻钢管桩用H350型钢相连作水平限位。沉井导向装置见图2-79。

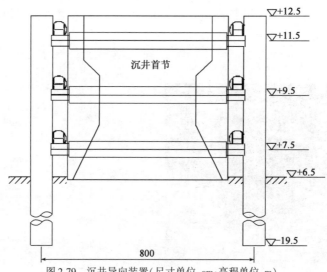

图2-79 沉井导向装置(尺寸单位:cm;高程单位:m)

(2)设置空气幕

设置空气幕可以将土体摩阻力降低至10kPa。通过沉井下沉计算,当沉井重量轻且进入土层主要为砂层后,极限摩阻力及承载力均较大,沉井单靠取土方式下沉系数过小,无法下沉到位,采用空气幕助沉是一种有效的助沉方式。

①空气幕布置

空气幕气龛凹槽的形状采用棱锥形,用木楔块预留,喷气孔均为直径1mm的圆孔。为了防止气流从沉井上下泄漏,在井顶上部5m及刃脚以上3m范围内不布置气龛。气龛布置上疏下密,呈梅花形分布。气龛大样图如图2-80所示。

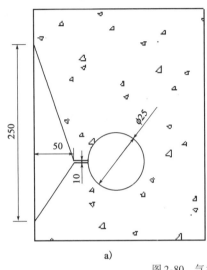

a)　　　　　　　　　　　　　　　　b)

图2-80　气龛大样图(尺寸单位:mm)

在沉井最下方15m范围内(不包括刃脚以上3m范围),气龛按水平1.0m、纵向1.0m间距梅花形布置,以上15m部分按水平1.4m、纵向1.0m间距梅花形布置。气龛沿沉井壁水平分4区,竖向分31层对称布置,共设置气龛487个。

空气幕供风时以每个气龛耗风量不小于$0.02 \sim 0.025 \text{m}^3/\text{min}$计算总供风量,可以达到预期的下沉效果。

空气幕管道预埋在井壁内,采用有一定弹性的$\phi22\text{mm}$钢丝塑料管。

②空气幕的施工步骤

在沉井立模板之前,用木料做成气龛木模,按设计要求在沉井外模板内侧放线,并且钉牢气龛木模。

a.沉井内外模板立完后,首先在外模板内壁上安装水平风管,水平管中线与气龛木模水平线重合,与气龛木模底部密贴,用U形扒钉将水平管固定在模板上,然后安装竖向风管。

b.绑扎钢筋和灌注沉井混凝土。

c.混凝土强度达到要求后拆除模板,用手电钻钻气龛上的喷气孔。

d.向预埋管内压风,检查喷气孔是否通畅。

e.井内抓斗取土,检查刃脚埋入深度。

f.向竖管内送风,沉井下沉后取土,再送风,直到沉井沉入预定高程后,接高沉井。

g.重复上述步骤,直至沉井刃脚沉到设计高程为止。

(3)布置降水井

沉井在下沉过程中受地下水浮力作用,下沉系数小,进行降水助沉可有效增大下沉系数。

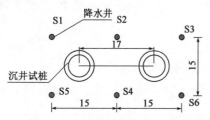

图 2-81 井点平面布置图(尺寸单位:m)

①降水井井位布置

根据计算,每个沉井周围布置 4 个降水井可达到良好的降水效果。降水井距沉井外边约 8m,两井之间间距控制在 15m 内。井点平面布置见图 2-81。

②降水井结构

降水井深度 L 根据沉井下沉深度需要设置,一般井径 600mm、成井管径 377mm、滤水管长度 16m、白管长度为 $L-16m$。其结构如图 2-82 所示。

③排水方法

降水井中的水通过潜水泵抽至排水沟内,然后由排水沟排到小河内,流至江中。

3)沉井下沉

(1)首节沉井下沉施

首节沉井浇筑完成并达到90%强度后,即可开始下沉施工。

垫木的抽出分四个区域,由 8 个小组对称同时进行,拆除枕木后及时回填粗砂,抽垫木顺序如图 2-83 所示。

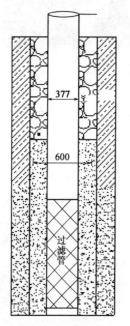

图 2-82 降水井结构图(尺寸单位:mm)

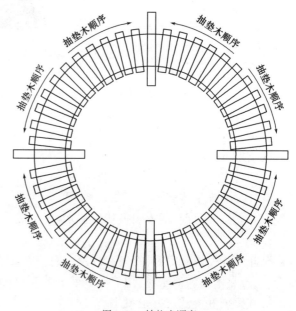

图 2-83 抽垫木顺序

首节沉井下沉宜采用 50t 履带吊车悬吊 $1.4m^3$ 抓斗进行取土下沉施工。取土按从沉井中心向刃脚的顺序进行,在中间形成锅底形状。开挖至刃脚处,由人工开挖。人工开挖将作为控制沉井均匀下沉,防偏的一个重要手段。施工中做到"勤测勤纠,随偏随纠"。

当沉井入土 5m 时,不再挖除刃脚下方土体,保持刃脚的全截面支撑,防止沉井继续下沉。

(2)其他各节沉井下沉施工

井内出土主要采用抓斗取土工艺。

第2、3节在实际下沉时依靠自重就能下沉;第4、5节在采用空气幕助沉、降水8m的情况下可沉到位;剩余节段采取降水、空气幕、加配重的助沉方式下沉到位。沉井下沉到离设计高程2m左右时,放慢下沉速度,以平稳下沉为主,严格控制周边高差、位移,做到有偏必纠。为了控制基底的土面高程,以清基为主,严防深坑、"锅底"情况发生。

沉井在下沉施工过程中,在东南西北4个方向分别吊铅锤,用于观测沉井在下沉过程中的偏斜情况,并及时采取纠偏措施不断地对沉井偏差进行纠偏,最终定位。结合《公路桥涵施工技术规范》(JTG/T F50—2011),沉井最终偏差的各项指标必须符合以下要求:

①沉井刃脚底面高程应符合设计要求;

②沉井底面、顶面中心与设计中心的偏差应符合以下要求;允许偏差纵横方向为沉井高度的1/50;

③沉井的最大倾斜度为1/50。

沉井下沉垂直度观测见图2-84。

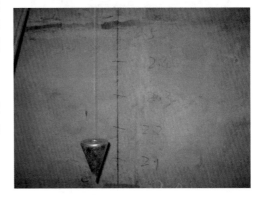

图2-84 沉井下沉垂直度观测

(3)沉井封底施工

沉井下沉到位后,用13m³空压机接气管将沉井刃脚冲洗干净,并使持力层锅底趋于平坦。

封底导管使用前经水密、抗拉试验合格后进行封底混凝土浇筑,以使封底过程顺利。

2.5.4 根键预制

根键集中预制场地布置、存放场地布置、流程安排对根键预制速度有非常大的影响,安排不妥甚至直接影响总工期。

图2-85 外钢套进场检验

1)模板制作

根键钢套和模板由钢结构加工厂匹配加工,内外钢套在固定的钢桁架胎模上匹配加工,统一编号。外钢套进场检验见图2-85。

2)根键预制场地硬化

首先将预制场地内表层种植土挖除,回填50cm厚片石并压实,然后浇筑15cm厚C20混凝土并找平作为预制场。预制场内铺设枕木作为预制底座。

3)根键钢筋笼制作

根键钢筋笼在专门场地提前预制(图2-86),分类编号、挂标识牌后堆放在指定区域内。根键钢筋笼制作满足《公路桥涵施工技术规范》(JTG/T F50—2011)要求(图2-87)。

图2-86　根键钢筋预制

图2-87　根键钢筋笼制作

4)模板安装、钢筋笼安装

安装程序如下:根键底模安放在枕木并调平垫实→内钢套及钢刃刀安装→钢筋笼安装(注意保护层厚度并与钢刃刀焊接)→焊接顶板→根键外模安装(图2-88～图2-91)。

图2-88　根键底模安放

图2-89　根键内钢套和钢刃刀安装

图2-90　根键钢筋安装

图2-91　根键外模安装

5）混凝土浇筑

根键混凝土采用细石子凝土，坍落度控制在（140±20）mm，由混凝土罐车运至施工现场后利用吊斗浇筑，用直径3cm的小振捣棒振捣密实（图2-92）。鉴于根键钢筋紧密，混凝土浇筑要缓慢，勤振捣，确保混凝土振捣质量。根键拆模后养生见图2-93。

图2-92　根键混凝土浇筑

图2-93　根键拆模后养生

6）根键存放

根键吊装采用专用夹具吊装，防止根键损伤。

根键保湿养生达到吊装强度后（设计强度的70%），按内外钢套匹配的编号进行统一编号，按"先顶推在上、后顶推在下"的原则堆放，以便于根键顶推时的吊装（图2-94）。

2.5.5　根键顶推

根键顶推工艺是根式基础施工中非常关键的一道工艺，施工前需针对工程所在地水文、地质情况，结合工程结构特点制定合理的施工工艺，并辅以研发根键顶推所需特种设备。

图2-94　根键堆放图

1）根键顶推装置设计

根键顶推装置采用自下向上的顺序逐层安装，顶推装置主要包括360°回旋可调顶推平台、4台5t慢速卷扬机组、350t防回缩大行程多级千斤顶。

（1）顶推平台

顶推平台是根键顶推施工过程中最为重要的操作平台，其受力状况、各吊点的灵活可调性、顶推平台在轨道梁上的转动灵活性都直接影响根键顶推的安全和工效。专门用于根键顶推的360°回旋可调顶推平台，该顶推平台由轨道梁和平台两部分组成，平台底部焊有4个高强度耐磨滚轮，平台通过滚轮作用在轨道梁上，1名工人即可推动平台在轨道梁上作360°旋转。轨道梁上焊有8个吊环，通过20t卸扣与卷扬机组的钢丝绳相连，开启卷扬机组，调节钢丝绳长度，即可调节顶推平台高度。

根键自身的调平、与千斤顶、钢支垫和预留孔的对中并形成一条直线，是根键顶推施工和千斤顶设备保护中非常重要的一环，因此对顶推平台的调节系统要求非常高。

为满足根键的调节精度和吊重要求，顶推平台的提吊系统选用4台5t慢速卷扬机，卷扬机组的启动柜设计成可2台、3台、4台卷扬机一起联动或单台卷扬机点动的形式。

（2）顶推设备

为进一步提高根键顶推效率，宜采用防回缩大行程多级千斤顶，如YDT3500-1600型千斤顶，最小顶推力为2412kN，最大顶推力达到5000kN，三级活塞总行程为1600mm，完成整个顶推行程用时约15min（表2-12）。在YDT3500-1600型防回缩大行程多级千斤顶（图2-95）的活塞和缸体上设有自动调节球形支垫，可调节接触面夹角5°。用此千斤顶推行根键顶推，对根键止水也起到了非常重要的作用。

YDT3500-1600 千斤顶性能参数 表2-12

额定油压（MPa）	30	最大顶推力（kN）	5000
二级顶推力（kN）	3583	最小顶推力（kN）	2412
活塞总面积（mm²）	16667	回程最小面积（mm²）	14372
顶推行程（mm）	1600	回程油压（MPa）	<20
配用高压胶管	G6Ⅲ型	配用电动油泵	YBZ15×32-2.5×63
整机质量（kg）	945	外形尺寸（mm×mm×mm）	940×605×φ530

图2-95　YDT3500-1600型防回缩大行程多级千斤顶

2）根键顶推过程

（1）根键顶推前施工准备

①根键预留孔清理干净，安装好橡胶止水带。

②将钢支垫吊放至顶推平台上，根键吊装前将顶推平台整体下放至根键预留孔底口以下0.5m左右位置，以便于根键就位。

③千斤顶、油泵调试好并吊放至沉井顶面，待根键吊装到位后将千斤顶吊入沉井内准备顶推。

（2）根键吊装

采用根键专用吊装夹具，由吊车将根键吊装至预留孔就位。根键尾部焊吊环，拴调节绳便于调整根键位置，避免根键在吊装下放过程中碰撞沉井内壁。

（3）根键顶推前调整

根键顶推前，须将根键、千斤顶、钢支垫调节至一条轴线上，其角度偏差小于5°，用3m长铝合金抄平尺和量角器检验。根键与平台接触面用钢棒支垫，以减小根键在顶推过程中与平台的摩擦力。利用抄平尺和水准尺量测根键是否水平并与预留孔呈直线（图2-96）。

3）多级千斤顶顶推根键

顶推施工中行程大、顶推速度快的 YDT3500-1600 型防回缩大行程千斤顶,有效提高了根键顶推工效和止水效果(图 2-97)。

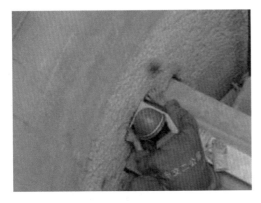

图 2-96　根键顶推前位置调整　　　　　　　　　图 2-97　根键顶推

具体根键顶推步骤和工艺如下:

①根键及钢支垫安装就位。

②安装 YDT3500-1600 型防回缩大行程多级千斤顶,注意保持反力支垫平面、千斤顶平面、被顶推根键面平行。

③慢慢往千斤顶工作腔供油,并观察被顶根键工作情况。

④在顶推过程中,千斤顶伸出的行程不得超过 1590mm,千斤顶活塞回程油压不得超过 20MPa。

⑤当千斤顶活塞全部回程到底后,停止供油,完成一次顶推过程。

⑥增加钢支垫,重复步骤②～⑤,利用 YDT3500-1600 型防回缩大行程多级千斤顶的第一级活塞将根键顶推到位(第一级活塞的顶推力为 5000kN),根键外露尺寸误差控制在 ±2cm。

第3章 根式基础理论及计算方法

3.1 概　述

根式基础从提出到具体应用,必须了解其受力机理,提出计算方法。本章对根式基础的研究采用室内试验、数值模拟探讨其承载机理、推导理论计算方法,采用现场试验进行校核,最终得到承载力简化计算公式,为今后设计提供了理论基础及手段。

研究团队通过室内和现场模型试验、数值模拟的手段,分析了根式基础竖向和水平承载机理及荷载传递性状;根据荷载传递法及 Winkler 地基梁理论建立力学模型,推导根式基础水平位移与内力分布计算方程,并提出适用的根式基础承载力和位移计算方法;最后采用现场试验验证了根式基础理论及计算方法合理性和适用性。

3.2 模　型　试　验

模型试验是一种获得基础抗压强度常用有效方法。同时,因为小尺寸模型试验具有操作简单、可重复性强、易于测量、成本低等众多优点,成为研究根式基础承载机理较为有效的方法之一。

3.2.1 室内模型试验

(1)模型试验设计(表 3-1)

模型试验设计一览表　　　　　　　　　　　　　　　　表 3-1

试 验 组	编 号	每层根键数	根键长度(mm)	根键截面尺寸(mm×mm)	根键梅花形布置	根键层间距(mm)
第一组	Y-1-0-0	—	—	—	—	—
	Y-1-3-40	3	50	10×10	否	40
	Y-1-6-40	6	50	10×10	否	40
第二组	Y-2-3-40	3	50	10×10	否	40
	Y-2-3-60	3	50	10×10	否	60
	Y-2-3-80	3	50	10×10	否	80
第三组	Y-3-3-40	3	50	10×10	否	40
	Y-3-3-40st	3	50	10×10	是	40

研究沉井在竖向荷载下的承载特性,根据相似比理论将沉井模型缩放到合适的尺寸,然后进行相应的模型试验。有机玻璃模型、应变片位置分别见图 3-1、图 3-2。

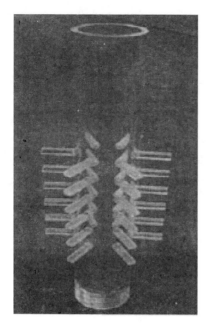

图 3-1 有机玻璃模型

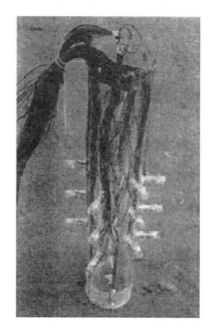

图 3-2 应变片位置示意图

试验时将模型埋入指定试验槽中,在相同条件下对三组根键布置方式下的不同的模型分别进行荷载试验,通过应变采集仪得到荷载下模型井身和根键的应变数据,分析得到根键不同布置方式时沉井的承载特性。

①测定了普通沉井和根式沉井竖向荷载作用下的荷载—位移曲线;

②测定了根式沉井井身应变及根式沉井根键应变;

③测定了根式沉井根键不同布置方式下的承载特性。

模型示意图如图 3-3 ~ 图 3-8 所示。

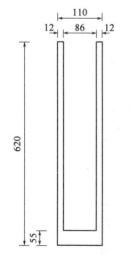

图 3-3 Y-1-0-0 沉井模型
(尺寸单位:mm)

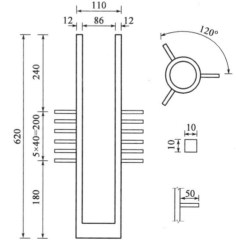

图 3-4 Y-1-3-40 根式沉井模型
(尺寸单位:mm)

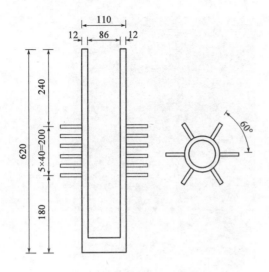

图3-5 Y-1-6-40 根式沉井模型(尺寸单位:mm)

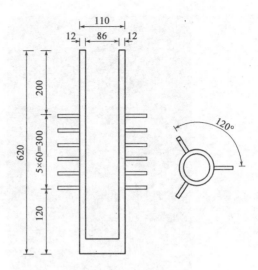

图3-6 Y-2-3-60 根式沉井模型(尺寸单位:mm)

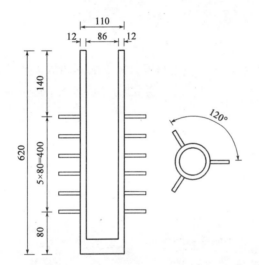

图3-7 Y-2-3-80 根式沉井模型(尺寸单位:mm)

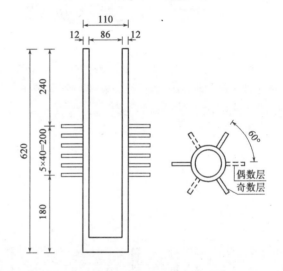

图3-8 Y-3-3-40st 根式沉井模型(尺寸单位:mm)

(2)竖向抗压承载机理

轴力和侧阻力对比曲线能够反映出轴力沿井身的变化规律和变化程度的一致性,轴力在根键周围均有较大幅度的变化。相关曲线见图3-9～图3-12。

根式沉井和无根键沉井的荷载传递明显不同,根式沉井有着其独特的形态。荷载作用下,轴力在根键位置处发生急剧变化,曲线的斜率变化明显,沿井身的轴力衰减可归为根键及其周围土层作用,这是根式沉井的受力特性,也是根式沉井提高承载力的原因所在,所以在提高承载力和控制位移上,根式沉井有绝对的优势。

保持层间距不变,随着同层根键个数的增加,承载力并没有相应的成倍增加,这在一定程度上说明根键的作用主要是带动周围土体共同承担荷载,同时根键个数的增加可能会出现同层根键之间的折减效应。

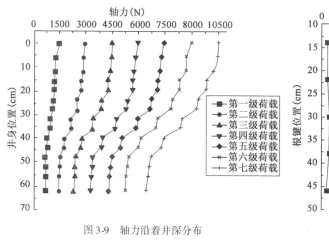

图 3-9　轴力沿着井深分布

图 3-10　弯矩沿着井深分布

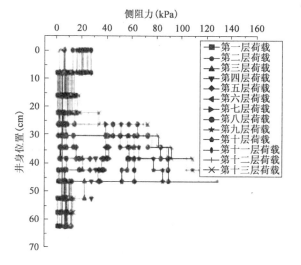

图 3-11　侧阻力沿井深分布

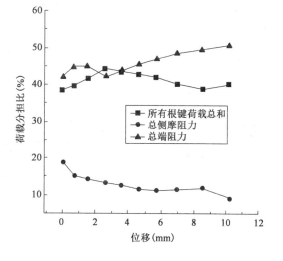

图 3-12　承载力构成的荷载分担比—位移曲线

随着荷载的增加,上层根键弯矩提高幅度较小,下层根键弯矩提高幅度较大,最下层根键尤为明显。该现象表明根键的应力扩散作用充分调动了基础周边土体的承载潜力。同时由于根键与土体的紧密嵌固作用,使得基础在荷载作用下侧阻力提高显著,抗压承载力得以大幅提高。

（3）试验结论

室内试验结果表明:①根式沉井在提高承载力和控制位移上,相对传统桩基础有明显优势;②根键的作用主要是带动周围土体共同承担荷载,同时同层根键个数的增加会出现折减效应;③随着荷载的增加,上层根键弯矩提高幅度较小,下层根键弯矩提高幅度较大,最下层根键尤为明显;④根键的应力扩散作用充分调动了基础周边土体的承载潜力,同时由于根键与土体的紧密嵌固作用,使基础在荷载作用下侧阻力显著提高,抗压承载力得以大幅提高。

3.2.2 现场模型竖向承载性能试验

必须通过科学试验,来弄清楚井身、根键与土相互作用的机理与规律,合理确定根式沉井的承载性能。通过对压入根键前后的根式沉井进行对比试验,来揭示根式沉井的竖向承载机理并获得基础的竖向承载力。

根式沉井的竖向1:1模型试验在国内外尚属首次。

试验用小型根式沉井,深度为12m,主体采用外径5m的空心钢筋混凝土圆形沉井,壁厚0.4m,底部封底厚1m,沿沉井深度方向布置10层根键,中心间距1m,层与层之间按照梅花形交错布置,每层沿井壁周边均布6根,如图3-13所示(以下简称5m根式沉井)。

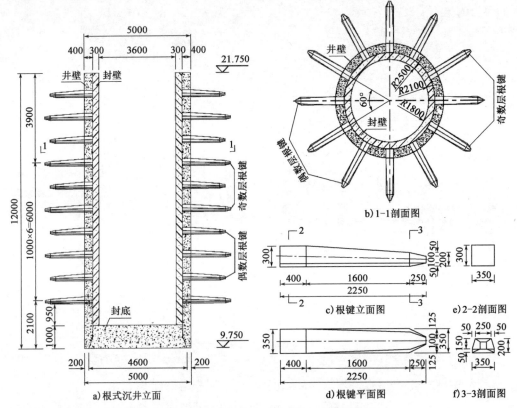

图 3-13 5m 根式沉井示意图(尺寸单位:mm;高程单位:m)

1)加载装置

5m根式沉井所采用的荷载箱由两组半圆形荷载箱拼装而成,每组荷载箱由4个千斤顶加上、下钢板组成,如图3-14所示。5m根式沉井荷载箱埋设于沉井井壁距底部1m处。

2)应力量测装置

在沉井横截面上均匀布设8只钢筋传感器(布设于基础壁外侧主筋),用于测定基础外壁土体的分层摩阻力以及分析根键的作用,5m根式沉井钢筋传感器布置如图3-15所示。

对奇数层根键每层沿圆周均匀选择3个根键,在距基础外壁0.6m、1.2m两个断面布置8个钢筋传感器(每个断面4个布设于根键外侧主筋),用于测试土对根键的作用力。5m根式沉井根键钢筋传感器布置位置如图3-16所示。

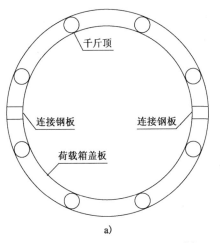

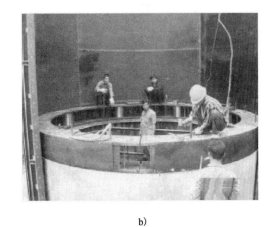

图 3-14　5m 根式沉井荷载箱

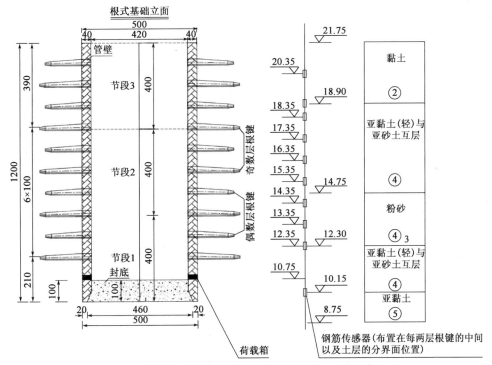

图 3-15　5m 根式沉井钢筋传感器布置图(尺寸单位:cm;高程单位:m)

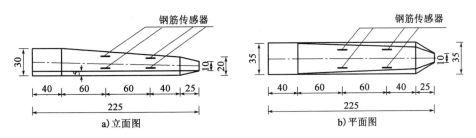

图 3-16　5m 根式沉井根键钢筋传感器布置图(尺寸单位:cm)

3）试验结果

试验结果见图3-17～图3-22。

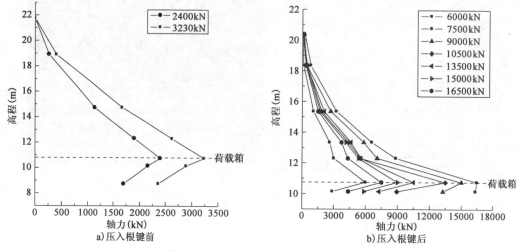

图 3-17　5m 根式沉井压入根键前后轴力图

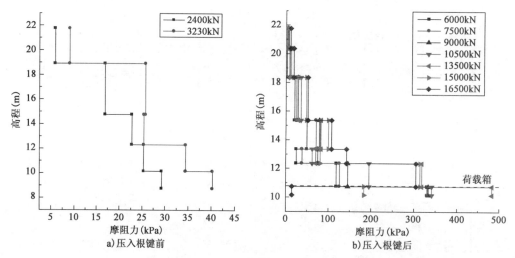

图 3-18　5m 根式沉井摩阻力分布曲线

对于5m根式沉井,对应于基础顶部竖向位移30.84mm时,压入根键前后基础的竖向承载力分别为14584kN、26994kN,压入根键后基础的竖向承载力是压入根键前的1.85倍。

对缓变型测试曲线可取最大加载值作为基础的极限承载力,故对于5m根式沉井,压入根键前后其测试竖向承载力分别为17168kN(对应位移为54.08mm)和26994kN(对应位移为30.84mm)。

对于5m根式沉井,压入根键前后其侧阻力占总承载力的比例分别为49.78%、68.06%,端阻力占总承载力的比例分别为50.22%、31.94%。

3.2.3　现场模型水平承载性能试验

试验用模型为5m根式沉井。

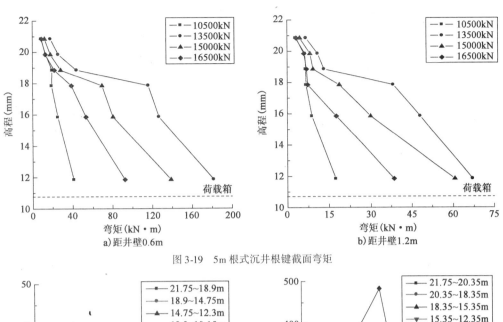

图 3-19 5m 根式沉井根键截面弯矩

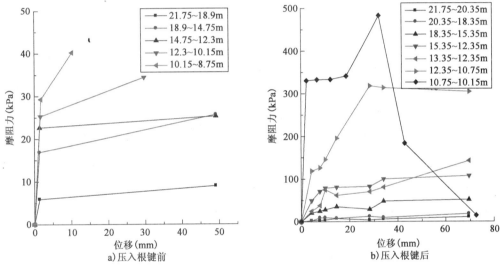

图 3-20 5m 根式沉井摩阻力—位移曲线

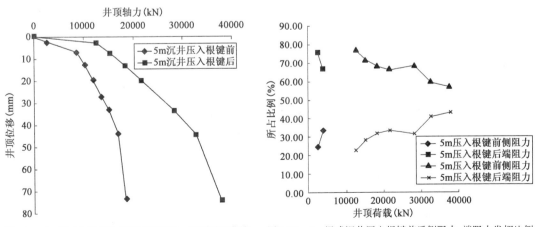

图 3-21 5m 根式沉井压入根键前后荷载—位移转换曲线　　图 3-22 5m 根式沉井压入根键前后侧阻力、端阻力发挥比例

（1）试验装置（图3-23、图3-24）

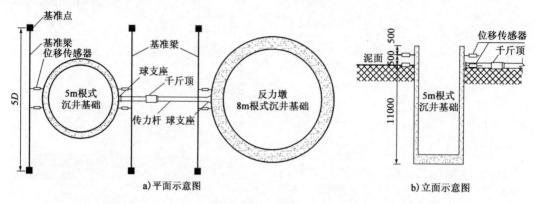

a) 平面示意图   b) 立面示意图

图3-23　试验装置示意图（尺寸单位：mm）

a)   b)

图3-24　卧式千斤顶及球形铰支座图

（2）水平位移的量测

采用电子位移传感器量测沉井的水平位移，如图3-25所示，量程50mm（可调），共布置10个：2个下表用于量测沉井基础作用力水平面水平位移；2个上表用于量测沉井基础作用力水平面以上50cm处水平位移；2个下表用于量测作用力水平面背面水平位移；2个上表用于量测作用力水平面背面以上50cm处水平位移；2个表用于量测提供反力的基础作用力水平面水平位移。电子位移传感器数据由数据自动采集仪采集。

（3）井身截面弯矩的量测

该试验沉井井身截面的弯矩借助于量测得到的井身应变推算求得。在井身沿深度方向布置光栅传感器用于量测井身应变，如图3-26所示，布置在外侧纵向主筋上。在整个井身布置10个测试断面，每个断面均匀布置8个光栅传感器，沿井身的布置如图3-27所示。光栅传感器数据采集仪可实现自动采集。

（4）试验结果分析

将两次水平试验H-Y曲线进行对比，从图3-28～图3-32中可以看出，根式沉井的水平极限承载力是沉井的1.6倍。

图 3-25 电子位移传感器

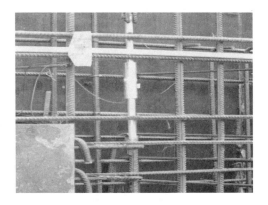

图 3-26 光栅传感器

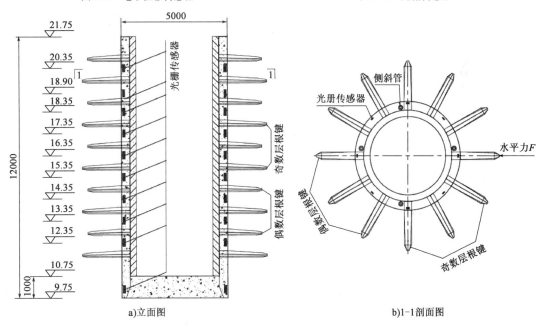

a)立面图

b)1-1剖面图

图 3-27 井身光栅传感器布置图(尺寸单位:mm;高程单位:m)

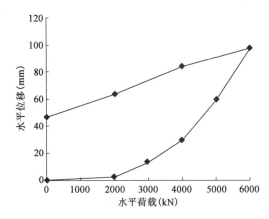

图 3-28 压入根键前沉井 H-Y 曲线图

图 3-29 压入根键前沉井周围土体裂缝

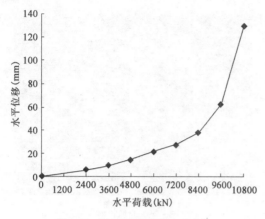

图 3-30　压入根键后沉井 H-Y 曲线

图 3-31　压入根键后沉井周围土体裂缝

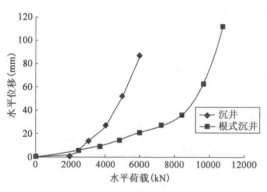

图 3-32　两次试验 H-Y 曲线对比

井身水平位移近似呈直线,表明沉井和根式沉井的刚度较大,如刚体一样围绕井身轴上某点转动,因此此处的沉井和根式沉井为刚性基础(图 3-33、图 3-34)。

荷载较小时,土抗力与位移呈线性关系,随荷载的增大,周围土进入塑性状态,提供的土抗力基本保持不变,而位移大幅度的增大(图 3-35、图 3-36)。

(5)试验结论

通过对试验数据进行整理分析,可以得出如下结论:

①试验中的无根键沉井和根式沉井均是刚性基础;

②无根键沉井的水平极限承载力是 6000kN,压入根键后,根式沉井的水平极限承载力为 9600kN,比无根键沉井的水平极限承载力提高了 60%;

③在水平荷载较小时,根式沉井与无根键沉井相比承载性能的提高不明显,但随荷载增大,其提高越来越明显。

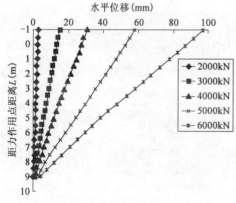

图 3-33　沉井井身水平位移曲线

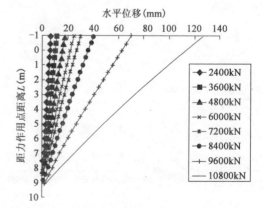

图 3-34　根式沉井井身水平位移曲线

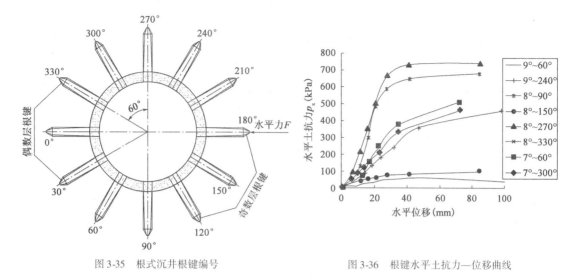

图 3-35　根式沉井根键编号

图 3-36　根键水平土抗力—位移曲线

3.3　数值模拟分析

采用弹塑性有限元法,对淮河特 1 号桥的根式基础原位试验进行数值模拟,验证了数值模拟方法和参数选取的合理性。在此基础上,通过无根键沉井基础和有根键沉井基础的受力特性对比,分析了根式基础的受力特性,对根键上的弯矩分布形式进行了研究,并探讨了根键沿深度位置分布对根式基础承载力的影响。

3.3.1　根式沉井竖向承载力数值模拟

1)有限元模型

有限元模型见图 3-37。

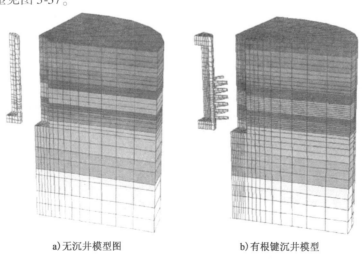

a)无沉井模型图　　　　　　　　　b)有根键沉井模型

图 3-37　有限元模型

2)有限元结果与实测结果对比

有限元数值模拟结果与实测结果对比见图 3-38 ~ 图 3-43。

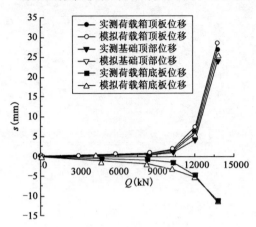

图 3-38　普通沉井位移实测与模拟对比

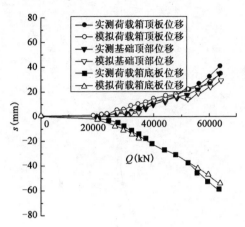

图 3-39　根式沉井位移实测与模拟对比

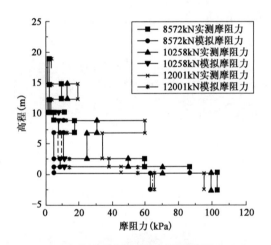

图 3-40　普通沉井侧摩阻力实测与模拟对比

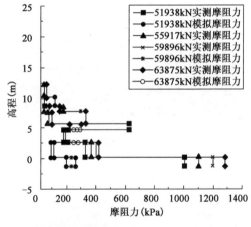

图 3-41　根式沉井侧摩阻力实测与模拟对比

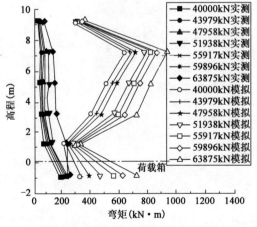

图 3-42　距井壁 2m 根键截面弯矩与实测值

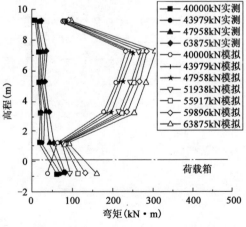

图 3-43　距井壁 1m 根键截面弯矩与实测值

计算值和实测值吻合度较高,表面数值模拟方法和参数选取合理。

3)轴力传递

普通沉井的轴力曲线见图3-44。如图3-45所示,在荷载作用下,轴力分布曲线在根键位置处发生急剧变化,曲线的斜率明显变化,轴力降低,其损耗部分的轴力由根键承担,并会转嫁到根键位置底部的土层上,从而使得沉井端部的阻力明显降低,这是根式沉井的受力特性,也是根式沉井提高承载力的原因所在。轴向荷载通过根键传递到周围的土层中,产生应力扩散,大大提高沉井的承载力。

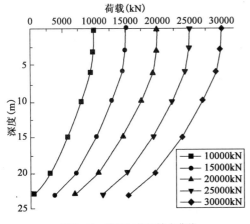

图3-44　普通沉井的轴力曲线

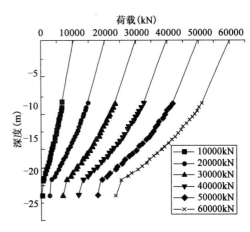

图3-45　根式沉井的轴力曲线图

4)根键受力

如图3-46所示,在荷载作用下,各层根键受力的大小不相同,在同一均匀土层中,根键的受力有着明显的时间性和顺序效应,随着荷载的加大,应力按照扩散角向周围土层扩散,底层根键承受较大荷载。

5)侧阻力

如图3-47、图3-48所示,井顶至第一层根键位置处的摩阻力发挥到极限,由于根键的存在,分担了上部荷载,根键之间的摩阻力未发挥到极限,而呈不断增大趋势,前6层根键间的侧摩阻力有着明显的顺序性和时间性,即由上至下呈不断增大的趋势,底层根键间的摩阻力和位移则呈线性状态,这说明在极限荷载作用下根式沉井底层键间的摩阻力未能完全发挥。

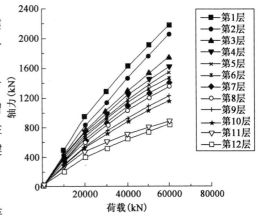

图3-46　根式沉井根键轴力—荷载曲线图

6)破坏机理

如图3-49、图3-50所示,根式沉井的根键类似于扩展基础,破坏形式和扩展基础非常相似。

根式沉井的计算结果表明,压入根键后,侧摩合力(含根键受力)的发挥在沉井根键扩径处达到最大,类似于端承桩的作用机理。根键的存在对井壁的侧摩阻力发挥有一定的"延缓",主要是根键在竖向荷载作用下先受力,延缓了井壁和土体的相对位移的发生。

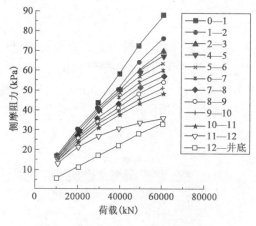

图 3-47 根式沉井侧摩阻力—总荷载曲线

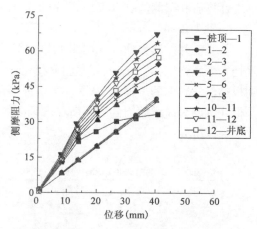

图 3-48 砂土层根式沉井侧摩阻力—位移曲线

图 3-49 普通沉井塑性区域包络图

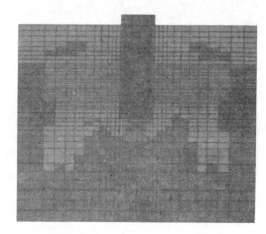

图 3-50 根式沉井的塑性区域包络图

3.3.2 根式沉井水平承载力数值模拟

1）有限元模型

如图 3-51 所示，分别为无根键沉井模型和有根键沉井模型。

2）有限元结果与实测结果对比

如图 3-52、图 3-53 所示，数值模拟计算结果与原位试验结果都比较接近，验证了数值模拟方法和参数选取的合理性。

3）沉井井身受力特性

根键可以有效提高沉井的水平向承载能力和抗变形能力，根式基础的水平承载能力要远远大于普通沉井基础的水平承载能力，如图 3-54 ~ 图 3-56 所示。

沉井呈整体倾斜变形，井身弯矩最大值分布在沉井中部。

4）根键受力特性

水平荷载作用下，根键上弯矩分布并非呈现完整的抛物线形分布，而是在贴近井壁处呈常弯矩分布。

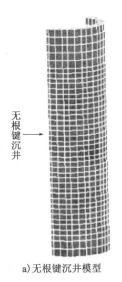

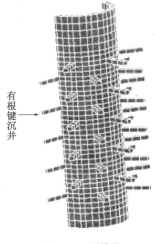

a)无根键沉井模型　　　　b)有根键沉井模型

图 3-51　有限元模型

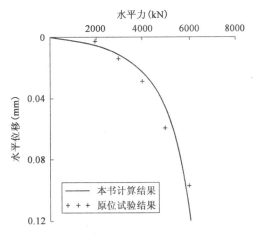

图 3-52　无根键沉井水平力与水平位移关系图

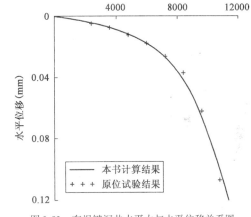

图 3-53　有根键沉井水平力与水平位移关系图

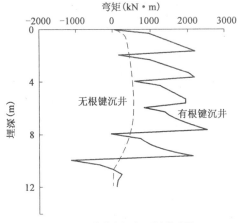

图 3-54　井身弯矩与埋深关系图

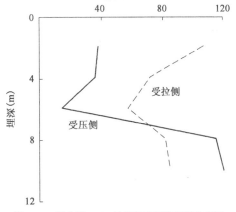

图 3-55　距井壁 0.6m 处根键弯矩沿深度分布图

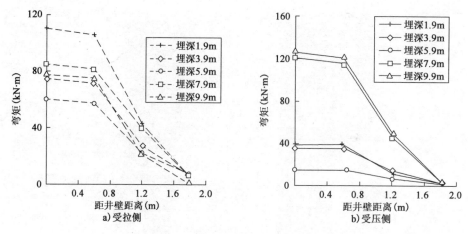

图 3-56　不同深度处弯矩沿根键分布

根键弯矩沿深度并非呈单调分布,在中间最小,上下两端较大,可以考虑将根键密布于沉井上下两端,而中间适当稀疏一点。

5)根键位置对沉井的承载力的影响

如图 3-57 所示,根键分布位置并非越浅越好,也不是越深越好,需要通过计算优化找到合理的根键分布位置,从而发挥根式沉井的最大效应。

从图 3-58 中可见,塑性区不仅出现在沉井基础前端,而且在沉井的后端和底部也出现了明显的塑性区。沉井呈明显的整体倾斜变形,与刚性短桩相似。

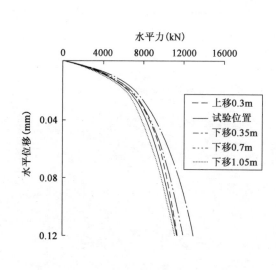

图 3-57　根式基础承载力随根键埋置深度的变化

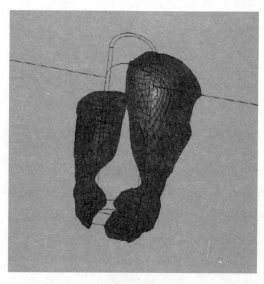

图 3-58　无根键沉井等效塑性区分布

综上所述,数值模拟结果表明:①数值模拟计算结果与原位试验结果都比较接近,验证了数值模拟方法和参数选取的合理性;②分析了根式基础的受力特性及承载力提高的原因,基础轴向荷载通过根键传递到周围的土层中,产生应力扩散,大大提高基础的承载力;③荷载作用下,各层根键受力的大小不相同,在同一均匀土层中,根键的受力有着明显的时间性和顺序效应,随着荷载的加大,应力按照扩散角向周围土层扩散,底层根键承受较大荷载;④根键可以有效提高沉井的水平向承载能力和抗变形能力,根式基础的水平承载能力要远远大于普通沉井基础的水平承载能力;⑤水平荷载作用下,根键上弯矩分布并非呈现完整的抛物线型分布,而是在贴近井壁处呈常弯矩分布。根键弯矩沿深度并非呈单调分布,在中间最小,上下两端较大,可以考虑将根键密布于沉井上下两端,而中间适当稀疏一点;⑥根键分布位置并非越浅越好,也不是越深越好,需要通过计算优化找到合理的根键分布位置,从而发挥根式沉井的最大效应。

3.4　理　论　分　析

3.4.1　根式基础受力模式的分析

根式基础承载效应除桩侧承载力和桩端承载力外,在基础本身"嫁接"水平向的钢筋混凝土根键,利用土体对根键的握裹力和抗力提高基础的稳定性和承载力;它是一种整体扩大的桩,其整体刚度大,发挥了基础的尺寸效应;从刚度组合来讲,它是一种刚性体、有限刚度梁(根键)、弹塑性体(土体)的组合。有限刚度梁起到了很好的刚度过渡及应力分配和传递效果。

如图 3-59 所示,根式基础的根键顶推进入土体时产生挤密效应,使得土体的物理力学性能高于原状土。但根键的挤密效应只是一种附加效应,尚难以在实际工程中量化,因此在实际工程设计中不予考虑。

本节结合相关试验和理论分析,简要介绍根式基础的竖向和水平向承载受力模式特性。

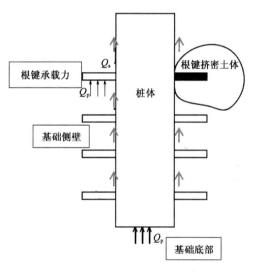

图 3-59　根式基础受力机理(根键挤密效应)

1)竖向承载力受力模式

根式基础竖向承载力包含三个部分:桩身侧壁摩阻力、基础底面承载力、各层根键单元承载力(包括根键侧面摩阻力和根键底面承载力)。竖向荷载下,根式基础受力模式如图 3-60 所示。

基础侧壁及底部承载力受力模式与普通桩基础类似,根键的承载力受力需考虑相邻的根键会产生重叠效应,需考虑承载性能折减。折减系数主要与根键之间的距离有关,距离小折减大,距离大折减小,具体折减系数见承载力理论计算部分。根键布置分为等角度的交错布置与非交错布置,如图 3-61 所示,前种布置方式可减小重叠效应,提高土体对根键的整体承载力。

2)水平承载力受力模式

根式基础水平向承载力包含桩身水平承载力和根键产生的水平承载力两个部分。桩身水平承载力受力模式可根据基础刚性或弹性变形性状,参考普通桩基础分析。

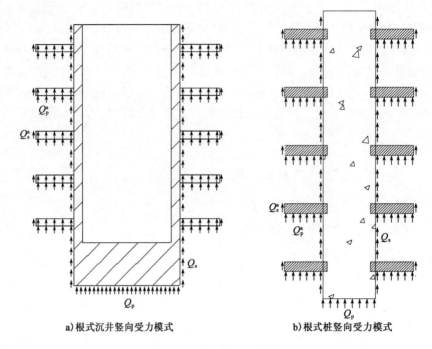

a)根式沉井竖向受力模式　　　　　　b)根式桩竖向受力模式

图 3-60　根式基础竖向受力模式

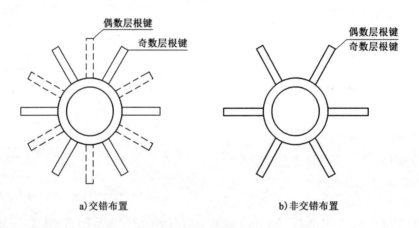

a)交错布置　　　　　　　　b)非交错布置

图 3-61　根键布置示意图

如图 3-62、图 3-63 所示,根键的水平承载效应模式考虑基础整体平动和转动,根键锚固于基础侧壁,随基础产生平动或转动,根键周围土体产生不同的反力模式。为计算简便,忽略二者耦合效应,单独计算根键整体平动和根键转动时各自的根键反力,再将二者求和,即为根键的总水平承载力。

3.4.2　根式基础破坏模式的分析

根式基础的破坏分为周围土体破坏和基础结构破坏两类。其破坏模式与根键的布置、侧壁土层分布及各土层力学性能、基础底部土体的性能、桩基础和根键的强度等因素有关。

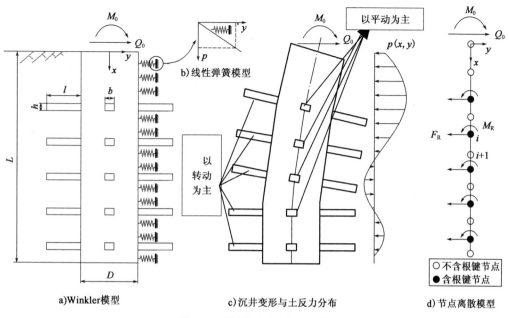

图3-62　弹性根式基础水平承载性

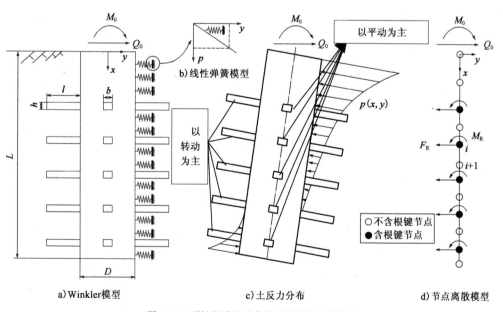

图3-63　刚性根式基础水平承载性能计算模型

1）根式基础的结构破坏

根式基础结构破坏包括桩身破坏和根键破坏。其中根键破坏分为根键整体强度破坏和局部破坏,受根键的强度和刚度、根键与桩体的节点强度控制。桩身和根键为钢筋混凝土结构,可按照相关设计规范验算,控制其破坏的产生。

2）根式基础周围土体的破坏

（1）竖向荷载下土体破坏模式

竖向荷载下土体破坏模式主要分为根键周围土体局部破坏（局部土体出现塑性区破坏）、根键周围土体破坏扩散至整体基础大位移（根键周围土体塑性破坏及桩体周边土体剪切破坏）、基础及周围土体整体冲剪破坏。

①局部土体塑性破坏

当上部荷载的较小时，根键周围土体（特别是上层根键）受根键侧壁及底部荷载影响出现局部小范围塑性破坏。

②根键及桩体周边土体剪切破坏

随着上部荷载的不断增加，基底持力层以上的软弱土层不能阻止滑动土楔的形成，基底土体形成滑动面出现整体或局部剪切破坏。桩的承载力主要取于根键阻力和桩底土的支承力，基础摩阻力也起一部分作用。

根键间土体受到附加压应力的作用，产生较大的附加沉降，对于压缩性较高的土层局部根键的土体可能产生拉裂隙，削弱根键与土体的摩阻力作用。这时根键与根键间土体形成整体。破坏模式如图 3-64 所示，在 Q-S 曲线上可求得破坏荷载，但曲线较缓和。

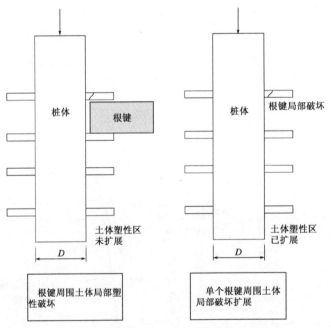

图 3-64　竖向荷载作用下根式基础周围土体塑性破坏模式

③整体冲剪破坏

如图 3-65 所示，冲剪破坏主要是当基础顶部荷载较大时基础形成一定的剪切带（与根键外周同径），根键的弹性地基效应得不到很好发挥，剪切带摩阻力达到峰值后，基础底部土体承受较大的荷载时土体屈服，形成冲剪刺入式破坏。根据荷载大小和土质不同，试验中得到的 Q-S 曲线可能没有明显的转折点或有明显的转折点（表示破坏荷载）。基础所受荷载由根键承载力、基础侧摩阻力和基底反力共同支承，此时侧阻力发挥充分。

结合多个工程桩竖向承载力 Q-S 曲线测试数据及有限元分析结果对比,得出类似上述曲线特性:与普通钻孔桩相比,根式基础加了根键后承载力提高,屈服阶段较长,达到极限破坏状态阶段明显后延,承载力有很大提升。这是由于压入根键后,基础周围有更多土体发生位移,塑性区分布也更广,根键调动更多土体来抵抗外载荷,使得基础整体承载力得以提高(图 3-66)。

(2)水平向荷载下土体破坏模式

水平荷载下土体的破坏包括根键局部土体破坏,根键周围及桩侧土体塑性破坏并引起根键或桩体强度破坏两个阶段的破坏模式(图 3-67)。

为了研究根键存在对根式基础桩顶水平荷载—位移曲线的影响,加入根键后桩周土体位移及塑性区域分布范围明显扩大,这是水平土抗力提高的根本原因。对某大桥项目中试验沉井进行分析计算,计算出沉井桩顶荷载—位移曲线与实测试验结果进行比较,结果如图 3-68 所示。

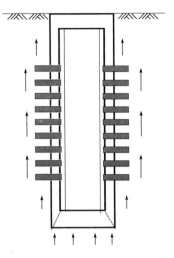

图 3-65　整体冲剪破坏示意图

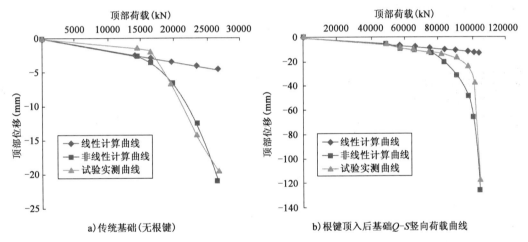

a)传统基础(无根键)　　　　　　　　b)根键顶入后基础 Q-S 竖向荷载曲线

图 3-66　淮河大桥根式沉井基础根键顶入前后 Q-S 曲线对比

结合多个工程桩荷载测试数据及有限元分析结果对比,可得出与竖向承载力类似的上述曲线特性(图 3-69)。

3.4.3　根式基础竖向承载力线性解析分析

(1)力学模型与荷载传递函数

小位移情况下,土体与根式桩基础只发生弹性变形,可将根式桩基础简化为如图 3-70a)所示的弹性系统。土对基础的法向反力及切向反力均与位移呈正比,荷载传递函数可表达为

$$\tau = k_s u \tag{3-1}$$

$$\sigma_n = k_n u \tag{3-2}$$

式中:τ——桩和根键侧壁的摩阻力;

$\quad\quad\sigma_n$——土对桩和根键底部的端阻力;

$\quad\quad k_s$——土对根键及桩壁的侧向刚度;

$\quad\quad u$——竖向位移;

$\quad\quad k_n$——土对根键及基础底部的法向刚度。

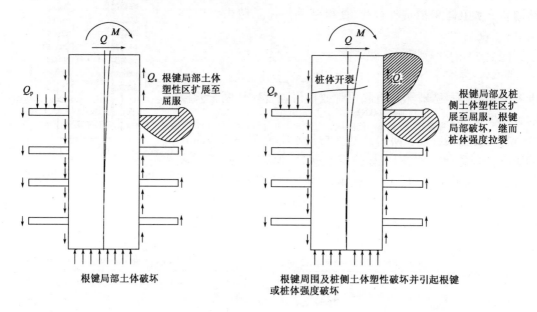

图 3-67　水平向荷载作用下根式基础周围土体塑性破坏模式

　　将图 3-70a)中的力学模型离散成图 3-70c)所示的单元节点形式,可转化为一维问题。其中,白色节点为不含根键节点,黑色节点为含根键节点,土对根键的反力 F_R 作为附加节点力叠加到黑色节点上。

　　(2)相邻节点的传递矩阵

　　为得到根式桩基础的位移方程,可沿桩身取微元体进行分析。在竖向荷载作用下,井身微元体的受力如图 3-71 所示。

　　在竖直方向上,外直径为 D 的根式桩基础的平衡方程为:

$$N + \mathrm{d}N - N = \pi D \tau \mathrm{d}x$$

即,

$$\frac{\mathrm{d}N}{\mathrm{d}x} = \pi D \tau \qquad (3\text{-}3)$$

再根据弹性受压物体的胡克定律,可得:

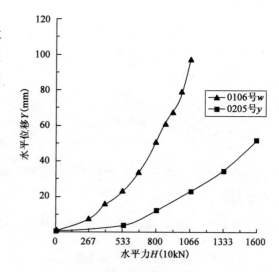

图 3-68　水平静载试验根式基础根键顶入前后

　　　　　H-y 曲线对比

注:0106 号 w 为未顶进;

0205 号 y 为顶进后

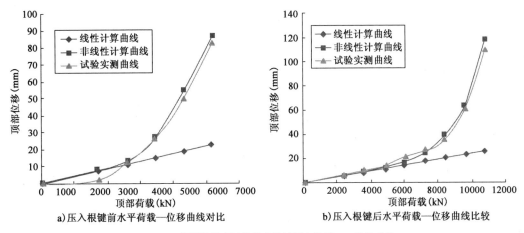

a) 压入根键前水平荷载—位移曲线对比　　　　b) 压入根键后水平荷载—位移曲线比较

图3-69 某桥梁根式沉井基础根键顶入前后 $H\text{-}y$ 曲线对比

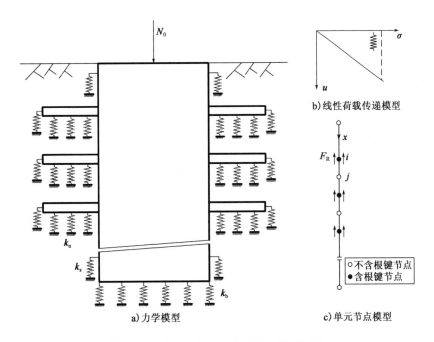

a) 力学模型　　　　　　　　　　　c) 单元节点模型

图3-70 根式桩基础线性力学模型与单元节点图

$$\frac{N}{A} = E\varepsilon = -E\frac{\mathrm{d}u}{\mathrm{d}x} \tag{3-4}$$

式中：ε——桩身应变；

　　　A——横截面面积。

桩身的横截面面面积大小为$\dfrac{\pi(D^2-d^2)}{4}$，d 为内直径。

将式(3-4)代入式(3-3)中可得，圆形根式桩基础位移微分方程为：

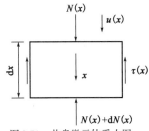

图3-71 井身微元体受力图

N-轴力；x-入土深度；u-竖向位移

$$\frac{\mathrm{d}^2 u}{\mathrm{d}x^2} = \frac{4D}{E(D^2 - d^2)}\tau \tag{3-5}$$

将荷载传递函数(3-2)代入上式,可得:

$$\frac{\mathrm{d}^2 u}{\mathrm{d}x^2} = \frac{4Dk_s}{E(D^2 - d^2)}u \tag{3-6}$$

根据常微分方程理论,式(3-6)的通解为:

$$u = C_1 e^{\lambda_1 x} + C_2 e^{-\lambda_1 x} \tag{3-7}$$

其中,$\lambda_1 = \sqrt{\dfrac{4Dk_s}{E(D^2 - d^2)}}$。

根据边界条件,有

$$u\big|_{x=i} = u_i, \quad \frac{\mathrm{d}u}{\mathrm{d}x}\bigg|_{x=i} = -\frac{4N_i}{\pi E(D^2 - d^2)} = -\lambda_2 N_i \tag{3-8}$$

式中,$\lambda_2 = \dfrac{4}{\pi E(D^2 - d^2)}$。

将式(3-8)代入式(3-7)中,可得

$$C_1 = \frac{u_i \dfrac{\lambda_1}{\lambda_2} - N_i}{2\dfrac{\lambda_1}{\lambda_2}e^{\lambda_1 x_i}}, \quad C_2 = \frac{u_i \dfrac{\lambda_1}{\lambda_2} + N_i}{2\dfrac{\lambda_1}{\lambda_2}e^{-\lambda_1 x_i}} \tag{3-9}$$

则 j 点的表达式为:

$$u_j = \frac{e^{\lambda_1(x_j - x_i)} + e^{-\lambda_1(x_j - x_i)}}{2}u_i - \frac{\lambda_2}{\lambda_1}\frac{e^{\lambda_1(x_j - x_i)} - e^{\lambda_1(x_j - x_i)}}{2}N_i \tag{3-10}$$

$$N_j = \frac{\lambda_1}{\lambda_2}\frac{e^{-\lambda_1(x_j - x_i)} - e^{\lambda_1(x_j - x_i)}}{2}u_i + \frac{e^{-\lambda_1(x_j - x_i)} + e^{\lambda_1(x_j - x_i)}}{2}N_i \tag{3-11}$$

则相邻节点的传递矩阵形式为:

$$\begin{Bmatrix} u_j \\ N_j \end{Bmatrix} = \begin{bmatrix} \dfrac{1}{2}(e^{\lambda_1 \Delta x} + e^{-\lambda_1 \Delta x}) & -\dfrac{\lambda_2}{2\lambda_1}(e^{\lambda_1 \Delta x} - e^{-\lambda_1 \Delta x}) \\ -\dfrac{\lambda_1}{2\lambda_2}(e^{\lambda_1 \Delta x} - e^{-\lambda_1 \Delta x}) & \dfrac{1}{2}(e^{\lambda_1 \Delta x} + e^{-\lambda_1 \Delta x}) \end{bmatrix} \cdot \begin{Bmatrix} u_i \\ N_i \end{Bmatrix} \tag{3-12}$$

式中,$\Delta x = x_j - x_i$。

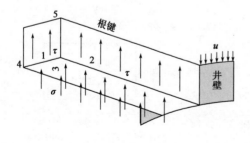

图 3-72　根键受力图

（3）根键的反力叠加

根键随桩一起向下运动时,土在根键外表面上与根键发生相互作用形成土反力,如图 3-72 所示。根键的下表面（面 3）受到土的法向承载力,侧表面（面 1、2、4）受到土的切向反力,而上表面仅受到土的黏聚力,这一部分力很小,且当竖向位移较大时,根键与土在上表面上可能形成缝隙,故可忽略根键上表面上的土反力。

对刚性根键,不必考虑根键的弯曲与转动。根

据 Winkler 弹性地基梁理论,可得每层根键的总反力为:

$$F_R = k_R u = \alpha_0 n (k_n b l + 2 K_0 k_s l h) u \tag{3-13}$$

式中: k_R——根键的总刚度;

    α_0——考虑根键重叠效应的折减系数;

    n——此层根键个数;

    k_n——土的法向刚度;

    b——根键宽度;

    l——根键长度;

    h——根键厚度;

    K_0——土体侧压系数。

若 j 节点为含根键节点,将根键上的土反力作为附加节点力叠加到 j 节点上,这时轴力变为:

$$
\begin{aligned}
N_j &= -\frac{\lambda_1}{2\lambda_2}(\mathrm{e}^{\lambda_1 \Delta x} - \mathrm{e}^{-\lambda_1 \Delta x}) u_i + \frac{1}{2}(\mathrm{e}^{\lambda_1 \Delta x} + \mathrm{e}^{-\lambda_1 \Delta x}) N_i - k_R u_j \\
&= \left[-\frac{\lambda_1}{2\lambda_2}(\mathrm{e}^{\lambda_1 \Delta x} - \mathrm{e}^{-\lambda_1 \Delta x}) - \frac{k_R}{2}(\mathrm{e}^{\lambda_1 \Delta x} + \mathrm{e}^{-\lambda_1 \Delta x}) \right] u_i + \\
&\quad \left[\frac{1}{2}(\mathrm{e}^{\lambda_1 \Delta x} + \mathrm{e}^{-\lambda_1 \Delta x}) - \frac{\lambda_2 k_R}{2\lambda_1}(\mathrm{e}^{\lambda_1 \Delta x} - \mathrm{e}^{-\lambda_1 \Delta x}) \right] N_i
\end{aligned}
\tag{3-14}
$$

传递关系式(3-12)变为

$$
\begin{Bmatrix} u_j \\ N_j \end{Bmatrix} = \begin{bmatrix} A_{ij} & B_{ij} \\ C_{ij} & D_{ij} \end{bmatrix} \begin{Bmatrix} u_i \\ N_i \end{Bmatrix}
\tag{3-15}
$$

式中,

$$A_{ij} = \frac{1}{2}(\mathrm{e}^{\lambda_1 \Delta x} + \mathrm{e}^{-\lambda_1 \Delta x}) \quad B_{ij} = -\frac{\lambda_2}{2\lambda_1}(\mathrm{e}^{\lambda_1 \Delta x} - \mathrm{e}^{-\lambda_1 \Delta x});$$

$$C_{ij} = -\frac{\lambda_1}{2\lambda_2}(\mathrm{e}^{\lambda_1 \Delta x} - \mathrm{e}^{-\lambda_1 \Delta x}) - \frac{k_R}{2}(\mathrm{e}^{\lambda_1 \Delta x} + \mathrm{e}^{-\lambda_1 \Delta x}) \quad D_{ij} = \frac{1}{2}(\mathrm{e}^{\lambda_1 \Delta x} + \mathrm{e}^{-\lambda_1 \Delta x}) - \frac{\lambda_2 k_R}{2\lambda_1}(\mathrm{e}^{\lambda_1 \Delta x} - \mathrm{e}^{-\lambda_1 \Delta x})。$$

(4)荷载—位移关系式

设首节点(第 0 节点)物理量与末节点(第 n 节点)物理量的最终关系为:

$$
\begin{Bmatrix} u_n \\ N_n \end{Bmatrix} = \begin{bmatrix} A_n & B_n \\ C_n & D_n \end{bmatrix} \begin{Bmatrix} u_0 \\ N_0 \end{Bmatrix}
\tag{3-16}
$$

并假设基础底部位移与轴力也呈线性关系:

$$N_n = k_b u_n \tag{3-17}$$

式中: k_b——土对基础底部的刚度,大小为:

$$k_b = \frac{\pi D^2}{4} k_n \tag{3-18}$$

代入上式,可得基础顶部载荷与位移的关系为:

$$u_0 = -\frac{k_b B_n - D_n}{k_b A_n - C_n} N_0 \tag{3-19}$$

3.4.4 根式基础竖向承载力非线性解析分析

弹性计算中,将荷载传递函数假设为土反力与基础位移的线性函数,可以在低载荷、小位移的情况下获得与实际接近的沉降解。但当基础顶部的竖向载荷逐渐增大,土体产生塑性变形,这时弹性解与实际情况差异较大。为获得真实的荷载—沉降曲线,并准确计算基础承载力大小,必须对基础进行非线性计算。

1)常见的非线性荷载传递模型

理想弹塑性荷载传递形式如图 3-73 所示。

常见的非线性荷载传递模型主要有以下几种:

(1)指数曲线模型

(2)双曲线模型

Gardner1975 年提出桩侧阻与位移间存在如下双曲线关系:

$$\tau(u) = A\left(\frac{u}{\dfrac{1}{K} + \dfrac{u}{\tau_s}}\right) \tag{3-20}$$

式中:A、K——试验常数。

Kraft 采用了相类似的表达式表示传递函数双曲线模型:

$$\tau = \frac{u}{A + Bu} \tag{3-21}$$

式中:A、B——荷载传递参数。

若非线性函数包含未知量,则方程的求解十分困难,必须将其转化为线性函数,一种精确的转化方法是将其转化为分段线性函数,如图 3-74 所示。

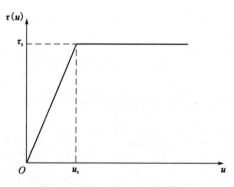

图 3-73 理想弹塑性荷载传递形式

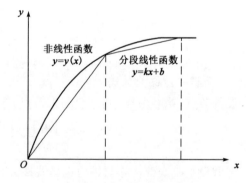

图 3-74 非线性函数的线性转化

若选择双曲线函数式(3-20)作为荷载传递函数,则接触界面上切向刚度和法向刚度的分段线性形式为:

$$\left.\begin{array}{l} \tau(u) \\ \sigma(u) \end{array}\right\} = \begin{cases} k_s u + \tau_b \\ k_n u + \sigma_b \end{cases} \tag{3-22}$$

式中,

$$k_s \atop k_n \Biggr\} = \begin{cases} \dfrac{\mathrm{d}\tau}{\mathrm{d}u} \\[3mm] \dfrac{\mathrm{d}\sigma}{\mathrm{d}u} \end{cases} = \begin{cases} \dfrac{A_\tau}{(A_\tau + B_\tau u)^2} \\[3mm] \dfrac{A_\sigma}{(A_\sigma + B_\sigma u)^2} \end{cases} \tag{3-23}$$

$$\tau_b \atop \sigma_b \Biggr\} = \begin{cases} \tau(u) - \dfrac{\mathrm{d}\tau}{\mathrm{d}u} \cdot u \\[3mm] \sigma(u) - \dfrac{\mathrm{d}\sigma}{\mathrm{d}u} \cdot u \end{cases} = \begin{cases} \dfrac{B_\tau u^2}{(A_\tau + B_\tau u)^2} \\[3mm] \dfrac{B_\sigma u^2}{(A_\sigma + B_\sigma u)^2} \end{cases} \tag{3-24}$$

2）根式基础的非线性力学模型

根式桩基础可简化为如图 3-75a）所示的非线性力学系统，基础与土体采用如图 3-75b）所示的非线性弹簧连接，选择双曲线模型式（3-20）作为荷载传递函数。

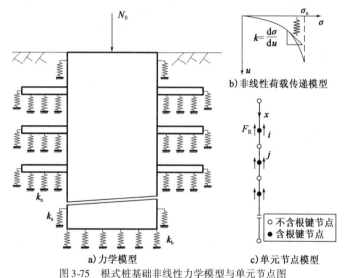

图 3-75　根式桩基础非线性力学模型与单元节点图

在竖向荷载作用下，圆形根式桩基础位移微分方程仍然为式（3-5）。任意沉降 u 下，侧壁阻力可用式（3-1）计算，代入式（3-5），可得：

$$\frac{\mathrm{d}^2 u}{\mathrm{d}x^2} = \frac{4Dk_s}{E(D^2 - d^2)}\left(u + \frac{\tau_b}{k_s}\right) \tag{3-25-1}$$

根据常微分方程理论，式（3-25）的通解为：

$$u = C_1 \mathrm{e}^{\lambda_1 x} + C_2 \mathrm{e}^{-\lambda_1 x} - \frac{\tau_b}{k_s} \tag{3-25-2}$$

则相邻节点写成传递矩阵的形式为：

$$\begin{Bmatrix} u_j \\ N_j \end{Bmatrix} = \begin{bmatrix} \dfrac{1}{2}(\mathrm{e}^{\lambda_1 \Delta x} + \mathrm{e}^{-\lambda_1 \Delta x}) & -\dfrac{\lambda_2}{2\lambda_1}(\mathrm{e}^{\lambda_1 \Delta x} - \mathrm{e}^{-\lambda_1 \Delta x}) \\[3mm] -\dfrac{\lambda_1}{2\lambda_2}(\mathrm{e}^{\lambda_1 \Delta x} - \mathrm{e}^{-\lambda_1 \Delta x}) & \dfrac{1}{2}(\mathrm{e}^{\lambda_1 \Delta x} + \mathrm{e}^{-\lambda_1 \Delta x}) \end{bmatrix} \cdot \begin{Bmatrix} u_i \\ N_i \end{Bmatrix} + \begin{Bmatrix} \dfrac{\tau_b}{2k_s}(\mathrm{e}^{\lambda_1 \Delta x} + \mathrm{e}^{-\lambda_1 \Delta x} - 2) \\[3mm] -\dfrac{\lambda_1 \tau_b}{2k_s}(\mathrm{e}^{\lambda_1 \Delta x} - \mathrm{e}^{-\lambda_1 \Delta x}) \end{Bmatrix}$$

$$\tag{3-26}$$

若 j 节点为含根键节点,则传递关系式变为:

$$\begin{Bmatrix} u_j \\ N_j \end{Bmatrix} = \begin{bmatrix} A_{ij} & B_{ij} \\ C_{ij} & D_{ij} \end{bmatrix} \begin{Bmatrix} u_i \\ N_i \end{Bmatrix} + \begin{Bmatrix} E_{ij} \\ F_{ij} \end{Bmatrix} \tag{3-27}$$

其中,

$$A_{ij} = \frac{1}{2}(e^{\lambda_1 \Delta x} + e^{-\lambda_1 \Delta x}) B_{ij} = -\frac{\lambda_2}{2\lambda_1}(e^{\lambda_1 \Delta x} - e^{-\lambda_1 \Delta x})$$

$$C_{ij} = -\left\{\frac{\lambda_1}{2\lambda_2}(e^{\lambda_1 \Delta x} - e^{-\lambda_1 \Delta x}) + \frac{1}{2}\alpha_0 n[blk_n + K_0 h(b + 2l)k_s](e^{\lambda_1 \Delta x} + e^{-\lambda_1 \Delta x})\right\}$$

$$D_{ij} = \frac{1}{2}(e^{\lambda_1 \Delta x} + e^{-\lambda_1 \Delta x}) + \frac{\lambda_2}{2\lambda_1}\alpha_0 n[blk_n + K_0 h(b + 2l)k_s](e^{\lambda_1 \Delta x} - e^{-\lambda_1 \Delta x})E_{ij}$$

$$= \frac{\tau_b}{2k_s}(e^{\lambda_1 \Delta x} + e^{-\lambda_1 \Delta x} - 2)$$

$$F_{ij} = -\frac{\tau_b}{2k_s}\alpha_0 n[blk_n + K_0 h(b + 2l)k_s](e^{\lambda_1 \Delta x} + e^{-\lambda_1 \Delta x} - 2) -$$

$$\alpha_0 n[bl\sigma_b + K_0 h(b + 2l)\tau_b] - \frac{\lambda_1 \tau_b}{2k_s}(e^{\lambda_1 \Delta x} - e^{-\lambda_1 \Delta x})$$

设首节点物理量与末节点的最终传递关系为:

$$\begin{Bmatrix} u_n \\ N_n \end{Bmatrix} = \begin{bmatrix} A_n & B_n \\ C_n & D_n \end{bmatrix} \begin{Bmatrix} u_0 \\ N_0 \end{Bmatrix} + \begin{Bmatrix} E_n \\ F_n \end{Bmatrix} \tag{3-28}$$

则根式桩基础的荷载—位移关系为:

$$u_0 = -\frac{4D_n - \pi D^2 k_n B_n}{4C_n - \pi D^2 k_n A_n}N_0 - \frac{4F_n - \pi D^2 k_n E_n - \pi D^2 \sigma_n}{4C_n - \pi D^2 k_n A_n} \tag{3-29}$$

3)变刚度传递矩阵迭代法

迭代法是非线性计算中常采用的算法,主要思想是先假设初值,再将初值放入迭代方程中进行反复迭代计算,直至计算值在规定容差下收敛。在计算竖向载荷作用下的根式桩基础荷载传递性状时,可以用传递矩阵迭代法实现。

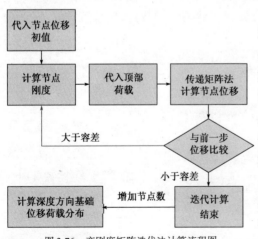

该法首先假设所有节点的位移初值为0,由式(3-1)、式(3-2)得节点的初始刚度,将顶部载荷代入迭代矩阵方程中,根据式(3-2)~式(3-12)计算出节点位移,再重新代入式(3-1)、式(3-2)动态调整新的节点刚度,根据新刚度得到新位移,以此反复迭代,直至相邻两次迭代得到的位移计算差值小于容差,迭代计算结束。变刚度迭代法的计算流程图,如图3-76所示。

按照本节中系列根式基础工程分类,根式基础分为根式桩基础、根式管桩基础和根式沉井基础。桩基础水平承载力计算中,鉴于桩身变形性状不同,分为刚性桩和弹性桩。根据多根根式基

图3-76 变刚度矩阵迭代法计算流程图

础水平承载力现场实验桩身变形结果,根式基础水平承载力解析分析中:根式桩基础按照弹性桩考虑;根式沉井基础按照刚性桩考虑;根式管桩基础可结合管柱直径及井壁厚度,参考传统桩基础按照"m法"计算根式管柱基础有效深度"αh",根据有效深度确定其刚、弹性。

3.4.5　弹性根式基础水平承载力解析分析

1)弹性根式基础的力学模型

对埋深较大,水平承载时井身有一定弯曲的根式桩基础,可采用如图3-77所示的力学模型。假设根式桩基础的长度为L,外径为D,内径为d,根键长度为l,高度为h,宽度为b。

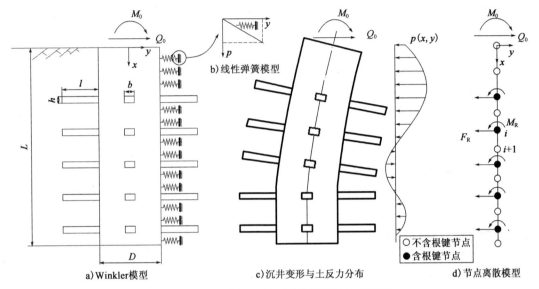

图3-77　柔性根式桩基础水平承载性能弹性计算模型

利用Winkler地基梁理论,可将根式桩基础简化为如图3-77a)所示的力学模型。沿井身横向所受的土反力,可用离散的线性弹簧代替,如图3-77b)所示。

在顶部受到水平荷载Q_0及弯矩M_0作用时,桩基础将发生一定量的平移、转动以及弯曲变形,土反力$p(x,y)$,则沿深度方向按某一规律变化,如图3-77c)所示。

采用荷载传递法计算水平受荷载性状。将根式桩基础离散为如图3-77d)所示的节点形式,其中白色节点为不含根键节点,黑色节点为含根键节点。F_R和M_R分别为每层根键受到的总的土反力以及总的土反力矩,在计算中将F_R和M_R作为附加节点力及力矩叠加到含根键节点上。

2)根式桩基础的位移方程

在井身处取长度为$\mathrm{d}x$微元体,受力分析如图3-78所示。规定上截面剪力Q的正方向与y轴反向,弯矩M的正方向为逆时针方向。

根据水平向的力平衡原理,有

$$(Q + \mathrm{d}Q) - Q - B \cdot p(x,y)\mathrm{d}x = 0 \qquad (3\text{-}30)$$

式中:B——圆形桩基础的计算宽度,可用下式计算:

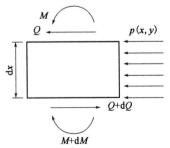

图3-78　水平荷载作用下井身微元受力分析

$$B = \begin{cases} 0.9 \cdot (1.5 \cdot D + 0.5) & D \leqslant 1\text{m} \\ 0.9 \cdot (D + 1) & D > 1\text{m} \end{cases} \tag{3-31}$$

根据式(3-30),可得:

$$\frac{\mathrm{d}Q}{\mathrm{d}x} = B \cdot p(x,y) \tag{3-32}$$

而

$$Q = \frac{\mathrm{d}M}{\mathrm{d}x} \tag{3-33}$$

则有:

$$\frac{\mathrm{d}Q}{\mathrm{d}x} = \frac{\mathrm{d}^2 M}{\mathrm{d}x^2} = B \cdot p(x,y) \tag{3-34}$$

而弯矩为

$$M = - EI \frac{\mathrm{d}^2 y}{\mathrm{d}x^2} \tag{3-35}$$

式中: EI——桩基础抗弯刚度。

将式(3-35)代入式(3-34)中,可得根式桩基础的位移方程为:

$$EI \frac{\mathrm{d}^4 y}{\mathrm{d}x^4} + B \cdot p(x,y) = 0 \tag{3-36}$$

式(3-36)对线性问题及非线性问题均适用。

一般将土反力表达为 x 与 y 的幂函数形式,具体如下:

$$p(x,y) = m(x+c)^t y^s = k(x) y^s \tag{3-37}$$

式中: m——比例系数;

c——$x = 0$ 处土壤的抗力情况参数;

$k(x)$——地基系数;

t、s——待定指数。

3)线弹性情况下的计算参数

当式(3-37)中的 $s = 1$ 时,土反力 p 与位移 y 成正比,属于弹性地基,即

$$p(x,y) = m(x+c)^t y = k(x) y \tag{3-38}$$

(1)当 $c = 0$,$t = 1$ 的情况(m 法)

当 $c = 0$ 时,地面处地基抗力为 0;$t = 1$ 时,即地基系数 $k(x)$ 随深度按直线规律变化,此即一般所谓的 m 法情况。式(3-38)变为

$$p(x,y) = mxy \tag{3-39}$$

(2)当 $c = 0$,$t = \frac{1}{2}$ 的情况(C 法)

当 $c = 0$、$t = \frac{1}{2}$ 时,地面处地基抗力为 0,地基系数 $k(x)$ 随深度按曲线规律变化,此即所谓 C 法。式(3-38)变为

$$p(x,y) = mx^{\frac{1}{2}} y \tag{3-40}$$

(3)当 $t = 0$ 的情况(K_0 法)

当 $t = 0$ 时,地面处地基抗力为 0,式(3-38)变为

$$p(x,y) = m(x+c)^0 y = my \tag{3-41}$$

即土反力不随深度变化,只与水平位移有关,此即所谓 K_0 法,一般可用在嵌入岩层较深的情况。

4) 位移方程的级数解

弹性情况下,可采用级数法求解方程式(3-36),以 m 法为例,将式(3-39)代入到式(3-36)中,可得

$$EI \frac{\mathrm{d}^4 y}{\mathrm{d}x^4} + Bmxy = 0 \tag{3-42}$$

设式(3-42)的解为 $y = f(x)$,利用麦克劳林级数展开有:

$$y = f(x) = f(0) + \frac{f'(0)}{1!}x + \frac{f''(0)}{2!}x^2 + \frac{f^{(3)}(0)}{3!}x^3 + \frac{f^{(4)}(0)}{4!}x^4 + \cdots + \frac{f^{(r)}(0)}{r!}x^r + \cdots \tag{3-43}$$

其中,

$$f(0) = y(0), f'(0) = \frac{\mathrm{d}y}{\mathrm{d}x}\bigg|_{x=0} = \theta(0), f''(0) = \frac{\mathrm{d}^2 y}{\mathrm{d}x^2}\bigg|_{x=0} = \frac{M(0)}{EI}, f^{(3)}(0) = \frac{\mathrm{d}^3 y}{\mathrm{d}x^3}\bigg|_{x=0} = \frac{Q(0)}{EI} \tag{3-44}$$

$y(0)$、$\theta(0)$、$M(0)$ 和 $Q(0)$ 分别为 $x = 0$ 处的水平位移、转角、力矩和剪力。

根据式(3-43)、式(3-44),$f(x)$ 在 0 点的四阶导数为:

$$f^{(4)}(0) = -\alpha^5 x f(0) = 0 \tag{3-45}$$

式中,$\alpha = \left(\frac{mB}{EI}\right)^{\frac{1}{5}}$,故通式为

$$f^{(5n)}(0) = (-1)^n \times (5n - 4) \times (5n - 9) \times (5n - 13) \times \cdots \times 1 \times \alpha^{5n} \times f^{(0)}(0)$$
$$f^{(5n+1)}(0) = (-1)^n \times (5n - 3) \times (5n - 8) \times (5n - 12) \times \cdots \times 2 \times \alpha^{5n} \times f^{(1)}(0)$$
$$f^{(5n+2)}(0) = (-1)^n \times (5n - 2) \times (5n - 7) \times (5n - 11) \times \cdots \times 3 \times \alpha^{5n} \times f^{(2)}(0)$$
$$f^{(5n+3)}(0) = (-1)^n \times (5n - 1) \times (5n - 6) \times (5n - 10) \times \cdots \times 4 \times \alpha^{5n} \times f^{(3)}(0)$$
$$f^{(5n+4)} = 0 \quad (n = 0, 1, 2, 3, \cdots) \tag{3-46}$$

将式(3-46)代入到式(3-44)中,可得如下矩阵表达式:

$$\begin{Bmatrix} \alpha y(x) \\ \theta(x) \\ \dfrac{M(x)}{\alpha EI} \\ \dfrac{Q(x)}{\alpha^2 EI} \end{Bmatrix} = \begin{bmatrix} A_1(x) & B_1(x) & C_1(x) & D_1(x) \\ A_2(x) & B_2(x) & C_2(x) & D_2(x) \\ A_3(x) & B_3(x) & C_3(x) & D_3(x) \\ A_4(x) & B_4(x) & C_4(x) & D_4(x) \end{bmatrix} \begin{Bmatrix} \alpha y(0) \\ \theta(0) \\ \dfrac{M(0)}{\alpha EI} \\ \dfrac{Q(0)}{\alpha^2 EI} \end{Bmatrix} \tag{3-47}$$

其中,

$$\begin{cases} A_1(x) = 1 - \dfrac{1}{5!}(\alpha x)^5 + \dfrac{6 \times 1}{10!}(\alpha x)^{10} - \dfrac{11 \times 6 \times 1}{15!}(\alpha x)^{15} + \cdots \\[2mm] B_1(x) = \alpha x - \dfrac{2}{6!}(\alpha x)^6 + \dfrac{7 \times 2}{11!}(\alpha x)^{11} - \dfrac{12 \times 7 \times 2}{16!}(\alpha x)^{16} + \cdots \\[2mm] C_1(x) = \dfrac{1}{2!}(\alpha x)^2 - \dfrac{3}{7!}(\alpha x)^7 + \dfrac{8 \times 3}{12!}(\alpha x)^{12} - \dfrac{13 \times 8 \times 3}{17!}(\alpha x)^{17} + \cdots \\[2mm] D_1(x) = \dfrac{1}{3!}(\alpha x)^3 - \dfrac{4}{8!}(\alpha x)^8 + \dfrac{9 \times 4}{13!}(\alpha x)^{13} - \dfrac{14 \times 9 \times 4}{18!}(\alpha x)^{18} + \cdots \end{cases}$$

$$
\begin{cases}
A_2(x) = \dfrac{1}{\alpha}\dfrac{\mathrm{d}A_1}{\mathrm{d}x} = -\dfrac{1}{4!}(\alpha x)^4 + \dfrac{6\times 1}{9!}(\alpha x)^9 - \dfrac{11\times 6\times 1}{14!}(\alpha x)^{14} + \cdots \\[2mm]
B_2(x) = \dfrac{1}{\alpha}\dfrac{\mathrm{d}B_1}{\mathrm{d}x} = 1 - \dfrac{2}{5!}(\alpha x)^5 + \dfrac{7\times 2}{10!}(\alpha x)^{10} - \dfrac{12\times 7\times 2}{15!}(\alpha x)^{15} + \cdots \\[2mm]
C_2(x) = \dfrac{1}{\alpha}\dfrac{\mathrm{d}C_1}{\mathrm{d}x} = \alpha x - \dfrac{3}{6!}(\alpha x)^6 + \dfrac{8\times 3}{11!}(\alpha x)^{11} - \dfrac{13\times 8\times 3}{16!}(\alpha x)^{16} + \cdots \\[2mm]
D_2(x) = \dfrac{1}{\alpha}\dfrac{\mathrm{d}D_1}{\mathrm{d}x} = \dfrac{1}{2!}(\alpha x)^2 - \dfrac{4}{7!}(\alpha x)^7 + \dfrac{9\times 4}{12!}(\alpha x)^{12} - \dfrac{14\times 9\times 4}{17!}(\alpha x)^{17} + \cdots \\[2mm]
A_3(x) = \dfrac{1}{\alpha}\dfrac{\mathrm{d}A_2}{\mathrm{d}x} = -\dfrac{1}{3!}(\alpha x)^3 + \dfrac{6\times 1}{8!}(\alpha x)^8 - \dfrac{11\times 6\times 1}{13!}(\alpha x)^{13} + \cdots \\[2mm]
B_3(x) = \dfrac{1}{\alpha}\dfrac{\mathrm{d}B_2}{\mathrm{d}x} = -\dfrac{2}{4!}(\alpha x)^4 + \dfrac{7\times 2}{9!}(\alpha x)^9 - \dfrac{12\times 7\times 2}{14!}(\alpha x)^{14} + \cdots \\[2mm]
C_3(x) = \dfrac{1}{\alpha}\dfrac{\mathrm{d}C_2}{\mathrm{d}x} = 1 - \dfrac{3}{5!}(\alpha x)^5 + \dfrac{8\times 3}{10!}(\alpha x)^{10} - \dfrac{13\times 8\times 3}{15!}(\alpha x)^{15} + \cdots \\[2mm]
D_3(x) = \dfrac{1}{\alpha}\dfrac{\mathrm{d}D_2}{\mathrm{d}x} = \alpha x - \dfrac{4}{6!}(\alpha x)^6 + \dfrac{9\times 4}{11!}(\alpha x)^{11} - \dfrac{14\times 9\times 4}{16!}(\alpha x)^{16} + \cdots \\[2mm]
A_4(x) = \dfrac{1}{\alpha}\dfrac{\mathrm{d}A_3}{\mathrm{d}x} = -\dfrac{1}{2!}(\alpha x)^2 + \dfrac{6\times 1}{7!}(\alpha x)^7 - \dfrac{11\times 6\times 1}{12!}(\alpha x)^{12} + \cdots \\[2mm]
B_4(x) = \dfrac{1}{\alpha}\dfrac{\mathrm{d}B_3}{\mathrm{d}x} = -\dfrac{2}{3!}(\alpha x)^3 + \dfrac{7\times 2}{8!}(\alpha x)^8 - \dfrac{12\times 7\times 2}{13!}(\alpha x)^{13} + \cdots \\[2mm]
C_4(x) = \dfrac{1}{\alpha}\dfrac{\mathrm{d}C_3}{\mathrm{d}x} = -\dfrac{3}{4!}(\alpha x)^4 + \dfrac{8\times 3}{9!}(\alpha x)^9 - \dfrac{13\times 8\times 3}{14!}(\alpha x)^{14} + \cdots \\[2mm]
D_4(x) = \dfrac{1}{\alpha}\dfrac{\mathrm{d}D_3}{\mathrm{d}x} = 1 - \dfrac{4}{5!}(\alpha x)^5 + \dfrac{9\times 4}{10!}(\alpha x)^{10} - \dfrac{14\times 9\times 4}{15!}(\alpha x)^{15} + \cdots
\end{cases} \tag{3-48}
$$

5）相邻节点的传递关系

若节点 i 节点不为首节点，需反向延长地基系数 $k(x)$ 曲线与 x 轴相交，得到一个虚节点 i'，如图 3-79 所示。由几何关系，可知 i' 节点至 i 节点的距离为 $k(x_i)/m$。根据式（3-47），可得虚节点 i' 与相邻节点 i、$i+1$ 力学量的传递关系为：

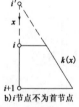

a) i 节点为首节点　　b) i 节点不为首节点

图 3-79　虚节点的选取

$$
\begin{Bmatrix}
\alpha y_i \\[1mm]
\theta_i \\[1mm]
\dfrac{M_i}{\alpha EI} \\[1mm]
\dfrac{Q_i}{\alpha^2 EI}
\end{Bmatrix}
=
\begin{bmatrix}
A_1(x_i - x_{i'}) & B_1(x_i - x_{i'}) & C_1(x_i - x_{i'}) & D_1(x_i - x_{i'}) \\
A_2(x_i - x_{i'}) & B_2(x_i - x_{i'}) & C_2(x_i - x_{i'}) & D_2(x_i - x_{i'}) \\
A_3(x_i - x_{i'}) & B_3(x_i - x_{i'}) & C_3(x_i - x_{i'}) & D_3(x_i - x_{i'}) \\
A_4(x_i - x_{i'}) & B_4(x_i - x_{i'}) & C_4(x_i - x_{i'}) & D_4(x_i - x_{i'})
\end{bmatrix}
\begin{Bmatrix}
\alpha y_{i'} \\[1mm]
\theta_{i'} \\[1mm]
\dfrac{M_{i'}}{\alpha EI} \\[1mm]
\dfrac{Q_{i'}}{\alpha^2 EI}
\end{Bmatrix}
\tag{3-49}
$$

$$\begin{Bmatrix} \alpha y_{i+1} \\ \theta_{i+1} \\ \dfrac{M_{i+1}}{\alpha EI} \\ \dfrac{Q_{i+1}}{\alpha^2 EI} \end{Bmatrix} = \begin{bmatrix} A_1(x_{i+1}-x_{i'}) & B_1(x_{i+1}-x_{i'}) & C_1(x_{i+1}-x_{i'}) & D_1(x_{i+1}-x_{i'}) \\ A_2(x_{i+1}-x_{i'}) & B_2(x_{i+1}-x_{i'}) & C_2(x_{i+1}-x_{i'}) & D_2(x_{i+1}-x_{i'}) \\ A_3(x_{i+1}-x_{i'}) & B_3(x_{i+1}-x_{i'}) & C_3(x_{i+1}-x_{i'}) & D_3(x_{i+1}-x_{i'}) \\ A_4(x_{i+1}-x_{i'}) & B_4(x_{i+1}-x_{i'}) & C_4(x_{i+1}-x_{i'}) & D_4(x_{i+1}-x_{i'}) \end{bmatrix} \begin{Bmatrix} \alpha y_{i'} \\ \theta_{i'} \\ \dfrac{M_{i'}}{\alpha EI} \\ \dfrac{Q_{i'}}{\alpha^2 EI} \end{Bmatrix}$$

$$(3\text{-}50)$$

由式（3-50），可得节点 i 至节点 $i+1$ 的传递关系为：

$$\begin{Bmatrix} \alpha y_{i+1} \\ \theta_{i+1} \\ \dfrac{M_{i+1}}{\alpha EI} \\ \dfrac{Q_{i+1}}{\alpha^2 EI} \end{Bmatrix} = \begin{bmatrix} A_1(x_{i+1}-x_{i'}) & B_1(x_{i+1}-x_{i'}) & C_1(x_{i+1}-x_{i'}) & D_1(x_{i+1}-x_{i'}) \\ A_2(x_{i+1}-x_{i'}) & B_2(x_{i+1}-x_{i'}) & C_2(x_{i+1}-x_{i'}) & D_2(x_{i+1}-x_{i'}) \\ A_3(x_{i+1}-x_{i'}) & B_3(x_{i+1}-x_{i'}) & C_3(x_{i+1}-x_{i'}) & D_3(x_{i+1}-x_{i'}) \\ A_4(x_{i+1}-x_{i'}) & B_4(x_{i+1}-x_{i'}) & C_4(x_{i+1}-x_{i'}) & D_4(x_{i+1}-x_{i'}) \end{bmatrix} \cdot$$

$$\begin{bmatrix} A_1(x_i-x_{i'}) & B_1(x_i-x_{i'}) & C_1(x_i-x_{i'}) & D_1(x_i-x_{i'}) \\ A_2(x_i-x_{i'}) & B_2(x_i-x_{i'}) & C_2(x_i-x_{i'}) & D_2(x_i-x_{i'}) \\ A_3(x_i-x_{i'}) & B_3(x_i-x_{i'}) & C_3(x_i-x_{i'}) & D_3(x_i-x_{i'}) \\ A_4(x_i-x_{i'}) & B_4(x_i-x_{i'}) & C_4(x_i-x_{i'}) & D_4(x_i-x_{i'}) \end{bmatrix}^{-1} \begin{Bmatrix} \alpha y_i \\ \theta_i \\ \dfrac{M_i}{\alpha EI} \\ \dfrac{Q_i}{\alpha^2 EI} \end{Bmatrix}$$

$$= \begin{bmatrix} A_1' & B_1' & C_1' & D_1' \\ A_2' & B_2' & C_2' & D_2' \\ A_3' & B_3' & C_3' & D_3' \\ A_4' & B_4' & C_4' & D_4' \end{bmatrix} \begin{Bmatrix} \alpha y_i \\ \theta_i \\ \dfrac{M_i}{\alpha EI} \\ \dfrac{Q_i}{\alpha^2 EI} \end{Bmatrix} \qquad (3\text{-}51)$$

6）根键受力分析

根式桩基础的平动和转动，会对根键产生不同的反力模式。为使计算简便，忽略二者耦合效应，单独计算平动、转动时各自的根键土应力，再将二者求和，即为根键上的总应力。对抗弯刚度大的根键可简化为刚体，不考虑弯曲作用。

（1）平动分析

当基础整体平动时，与 y 轴成 φ 角的根键，前表面受到法向土应力 σ_N 作用，上下表面受到切向应力 τ_N 作用，如图3-80所示。弹性情况下，单个根键上的土应力可表达为：

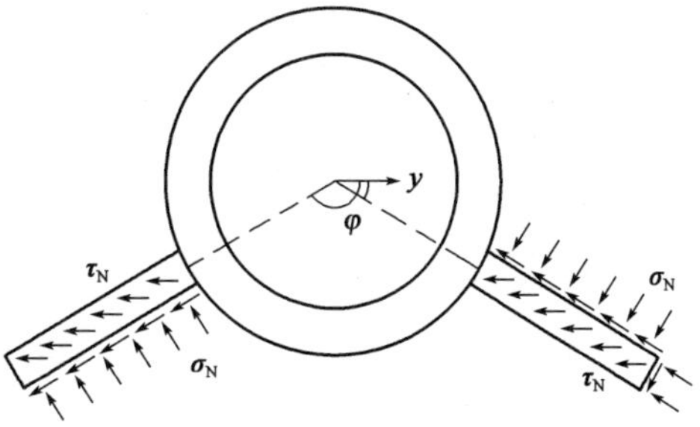

①当 $0 < \varphi \leqslant \dfrac{\pi}{2}$ 时

图 3-80　根键平动受力分析

$$F_R = hl\sin\varphi\sigma_N + hl\cos\varphi\tau_N + bh\cos\varphi\sigma_N - bh\sin\varphi\tau_N + 2bl\tau_N$$

$$= hl\sin^2\varphi K_0 k_n y + hl\cos^2\varphi K_0 k_s y + bh\cos^2\varphi K_0 k_n y - bh\sin\varphi K_0 k_s y + 2blk_s y \quad (3-52)$$

②当 $\dfrac{\pi}{2} < \varphi \leq \pi$ 时

$$F_R = hl\sin(\pi - \varphi)\sigma_N + hl\cos(\pi - \varphi)\tau_N + 2bl\tau_N$$

$$= hl\sin^2\varphi K_0 k_n y - hl\cos^2\varphi K_0 k_s y + 2blk_s y \quad (3-53)$$

式中：k_n——土法向刚度；

$\quad\ \ k_s$——土切向刚度；

$\quad\ \ K_0$——土侧压系数。

（2）转动分析

根键与井壁固结，桩基础将带动根键一起转动，这时根键上产生的土反力对横截面形成弯矩，如图 3-81 所示。弯矩包含法向土反力 σ_M 产生的弯矩和切向土反力 τ_M 产生的弯矩。后者不难求解，前者需按图 3-82 所示，将根键上表面分成三部分 S_1、S_2 及 S_3，并在各区域中对法向反力求二重积分。

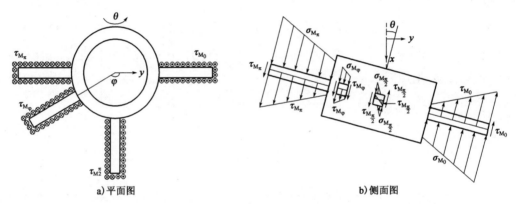

a）平面图   b）侧面图

图 3-81　根键转动受力分析

根式桩基础水平转动 θ 角时，与 y 轴成 φ 角的根键，对基础产生的抵抗弯矩为：

①当 $\dfrac{\pi}{2} < \varphi \leq \pi$ 时

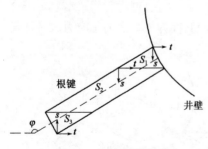

图 3-82　根键投影面分解

$$M_R(\varphi) = \int_0^{-b\cos\varphi} \int_{s\tan\varphi}^{-s\cot\varphi} k_n\theta \left[-\left(\frac{D}{2} + \frac{b}{2}\cot\varphi\right)\cos\varphi + \frac{b}{2\sin\varphi} + t \right]^2$$

$$dt ds + \int_0^{l\sin\varphi} \int_{-s\cot\varphi - \frac{b}{\sin\varphi}}^{-s\cot\varphi} k_n\theta \left[-\left(\frac{D}{2} - \frac{b}{2}\cot\varphi\right)\cos\varphi + \frac{b}{2\sin\varphi} + t \right]^2$$

$$dt ds + \int_0^{-b\cos\varphi} \int_{-s\cot\varphi}^{s\tan\varphi - \frac{b}{\sin\varphi}} k_n\theta \left[-\left(\frac{D}{2} + l - \frac{b}{2}\cot\varphi\right)\cos\varphi - \frac{b}{2\sin\varphi} + t \right]^2$$

$$dt ds + \int_0^l hK_0 k_s\theta \left[-\left(\frac{D}{2} - \frac{b}{2}\cot\varphi\right)\cos\varphi - \frac{b}{2\sin\varphi} - t\cos\varphi \right]^2 dt +$$

$$\int_0^l hK_0 k_s \theta \left[-\left(\frac{D}{2} + \frac{b}{2}\cot\varphi \right)\cos\varphi + \frac{b}{2\sin\varphi} - t\cos\varphi \right]^2 \mathrm{d}t \qquad (3\text{-}54)$$

②当 $\frac{\pi}{2} < \varphi \leqslant \pi$ 时

$$M_R(\varphi) = M_R(\pi - \varphi) \qquad (3\text{-}55)$$

式(3-54)中前三项为法向土反力产生的弯矩,后二项为切向土反力产生的弯矩。几个特殊角度的根键弯矩积分结果为:

$$M_R\left(\frac{\pi}{2}\right) = \left[\frac{1}{12}b^3(lk_n + hK_0 k_s) + \frac{1}{2}b^2 lhK_0 k_s \right]\theta$$

$$M_R(0) = M_R(\pi) = \left[\frac{1}{12}bl(k_n + K_0 k_s)\cdot(3D^2 + 6lD + 4l^2) + bhK_0 k_s\left(l + \frac{D}{2}\right)^2 \right]\theta$$

$$(3\text{-}56)$$

7)根键反力的叠加

若节点为含根键节点,还需在式(3-47)中叠加上土体对此层根键的总反力 F_R 和总反力矩 M_R,弹性范围下根键的土反力和反力矩分别与位移和转角呈线性关系,可表达为:

$$F_R = \sum_{i=1}^n F_{Ri} = k_y y, \quad M_R = \sum_{i=1}^n M_{Ri} = k_\theta \theta \qquad (3\text{-}57)$$

式中:n——同层根键个数;

k_y——同层根键平动总刚度;

k_θ——同层根键转动总刚度。

在式(3-47)中叠加式(3-57)中的根键反力后,可得:

$$\frac{M_{i+1}}{\alpha EI} = A_3'\alpha y_i + B_3'\theta_i + C_3'\frac{M_i}{\alpha EI} + D_3'\frac{Q_i}{\alpha^2 EI} - \frac{M_R}{\alpha EI}$$

$$= A_3'\alpha y_i + B_3'\theta_i + C_3'\frac{M_i}{\alpha EI} + D_3'\frac{Q_i}{\alpha^2 EI} - \frac{k_\theta \theta_{i+1}}{\alpha EI}$$

$$= A_3'\alpha y_i + B_3'\theta_i + C_3'\frac{M_i}{\alpha EI} + D_3'\frac{Q_i}{\alpha^2 EI} - \frac{k_\theta}{\alpha EI}\left(A_2'\alpha y_i + B_2'\theta_i + C_2'\frac{M_i}{\alpha EI} + D_2'\frac{Q_i}{\alpha^2 EI} \right)$$

$$= \left(A_3' - \frac{A_2' k_\theta}{EI} \right)\alpha y_i + \left(B_3' - \frac{B_2' k_\theta}{\alpha EI} \right)\theta_i + \left(C_3' - \frac{C_2' k_\theta}{\alpha EI} \right)\frac{M_i}{\alpha EI} + \left(D_3' - \frac{D_2' k_\theta}{\alpha EI} \right)\frac{Q_i}{\alpha^2 EI} \qquad (3\text{-}58)$$

$$\frac{Q_{i+1}}{\alpha^2 EI} = A_4'\alpha y_i + B_4'\theta_i + C_4'\frac{M_i}{\alpha EI} + D_4'\frac{Q_i}{\alpha^2 EI} - \frac{F_R}{\alpha^2 EI}$$

$$= A_4'\alpha y_i + B_4'\theta_i + C_4'\frac{M_i}{\alpha EI} + D_4'\frac{Q_i}{\alpha^2 EI} - \frac{k_y y_{i+1}}{\alpha^2 EI}$$

$$= A_4'\alpha y_i + B_4'\theta_i + C_4'\frac{M_i}{\alpha EI} + D_4'\frac{Q_i}{\alpha^2 EI} - \frac{k_y}{\alpha EI}\left(A_1'\alpha y_i + B_1'\theta_i + C_1'\frac{M_i}{\alpha EI} + D_1'\frac{Q_i}{\alpha^2 EI} \right)$$

$$= \left(A_4' - \frac{A_1' k_y}{EI} \right)\alpha y_i + \left(B_4' - \frac{B_1' k_y}{\alpha EI} \right)\theta_i + \left(C_4' - \frac{C_1' k_y}{\alpha EI} \right)\frac{M_i}{\alpha EI} + \left(D_4' - \frac{D_1' k_y}{\alpha EI} \right)\frac{Q_i}{\alpha^2 EI} \qquad (3\text{-}59)$$

则含根键节点的传递矩阵形式为:

$$
\begin{Bmatrix} \alpha y_{i+1} \\ \theta_{i+1} \\ \dfrac{M_{i+1}}{\alpha EI} \\ \dfrac{Q_{i+1}}{\alpha^2 EI} \end{Bmatrix} = \begin{bmatrix} A_1' & B_1' & C_1' & D_1' \\ A_2' & B_2' & C_2' & D_2' \\ A_3' - \dfrac{A_2' k_\theta}{EI} & B_3' - \dfrac{B_2' k_\theta}{EI} & C_3' - \dfrac{C_2' k_\theta}{EI} & D_3' - \dfrac{D_2' k_\theta}{EI} \\ A_4' - \dfrac{A_1' k_y}{EI} & B_4' - \dfrac{B_1' k_y}{EI} & C_4' - \dfrac{C_1' k_y}{EI} & D_4' - \dfrac{D_1' k_y}{EI} \end{bmatrix} \begin{Bmatrix} \alpha y_i \\ \theta_i \\ \dfrac{M_i}{\alpha EI} \\ \dfrac{Q_i}{\alpha^2 EI} \end{Bmatrix} \tag{3-60}
$$

8)边界条件

由式(3-44)、式(3-45)可以得到首节点($i=0$)到末节点($i=n$)的最终传递关系为:

$$
\begin{Bmatrix} \alpha y_n \\ \theta_n \\ \dfrac{M_n}{\alpha EI} \\ \dfrac{Q_n}{\alpha^2 EI} \end{Bmatrix} = \begin{bmatrix} A_{1n} & B_{1n} & C_{1n} & D_{1n} \\ A_{2n} & B_{2n} & C_{2n} & D_{2n} \\ A_{3n} & B_{3n} & C_{3n} & D_{3n} \\ A_{4n} & B_{4n} & C_{4n} & D_{4n} \end{bmatrix} \begin{Bmatrix} \alpha y_0 \\ \theta_0 \\ \dfrac{M_0}{\alpha EI} \\ \dfrac{Q_0}{\alpha^2 EI} \end{Bmatrix} \tag{3-61}
$$

已知顶部载荷 M_0、Q_0,利用桩基础底部的边界条件,可根据式(3-61)求得顶部位移 y_0、θ_0。桩基础底部边界条件通常有三种情况:

①桩基础底部自由

适用于松软土壤中或岩石面上,此时 $y_n \neq 0$,$\theta_n \neq 0$,$Q_n = 0$。

当不考虑底部转角引起的土抗力产生的弯矩时,$M_n = 0$,根据式(3-61)可解得:

$$
\begin{Bmatrix} \alpha y_0 \\ \theta_0 \end{Bmatrix} = \frac{1}{A_{3n} B_{4n} - A_{4n} B_{3n}} \begin{bmatrix} B_{3n} C_{4n} - B_{4n} C_{3n} & B_{3n} D_{4n} - B_{4n} D_{3n} \\ A_{4n} C_{3n} - A_{3n} C_{4n} & A_{4n} D_{3n} - A_{3n} D_{4n} \end{bmatrix} \begin{Bmatrix} \dfrac{M_0}{\alpha EI} \\ \dfrac{Q_0}{\alpha^2 EI} \end{Bmatrix} \tag{3-62}
$$

当考虑底部转角引起的土抗力产生的弯矩时,$M_n = -C_h I_n \theta_n$,其中,C_h 为基底处土壤竖向地基系数,I_n 为基底截面惯性矩。根据式(3-61)可解得:

$$
\begin{Bmatrix} \alpha y_0 \\ \theta_0 \end{Bmatrix} = \frac{1}{A_{3n} B_{4n} - A_{4n} B_{3n} + (A_{2n} B_{4n} - A_{4n} B_{2n}) \dfrac{C_h I_h}{\alpha EI}} \cdot
$$

$$
\begin{bmatrix} B_{3n} C_{4n} - B_{4n} C_{3n} + (B_{2n} C_{4n} - B_{4n} C_{2n}) \dfrac{C_h I_h}{\alpha EI} & B_{3n} D_{4n} - B_{4n} D_{3n} + (B_{2n} D_{4n} - B_{4n} D_{2n}) \dfrac{C_h I_h}{\alpha EI} \\ A_{4n} C_{3n} - A_{3n} C_{4n} + (A_{4n} C_{2n} - A_{2n} C_{4n}) \dfrac{C_h I_h}{\alpha EI} & A_{4n} D_{3n} - A_{3n} D_{4n} + (A_{4n} D_{2n} - A_{2n} D_{4n}) \dfrac{C_h I_h}{\alpha EI} \end{bmatrix} \cdot
$$

$$
\begin{Bmatrix} \dfrac{M_0}{\alpha EI} \\ \dfrac{Q_0}{\alpha^2 EI} \end{Bmatrix} \tag{3-63}
$$

②桩基础底部铰接

适用于间隔土层中,此时 $y_n = 0, \theta_n \neq 0, Q_n \neq 0, M_n$ 同①分两种情况。

$M_n = 0$,根据式(3-61)可解得:

$$\begin{Bmatrix} \alpha y_0 \\ \theta_0 \end{Bmatrix} = \frac{1}{A_{1n}B_{3n} - A_{1n}B_{3n}} \begin{bmatrix} B_{1n}C_{3n} - B_{3n}C_{1n} & B_{1n}D_{3n} - B_{3n}D_{1n} \\ A_{3n}C_{1n} - A_{1n}C_{3n} & A_{3n}D_{1n} - A_{1n}D_{3n} \end{bmatrix} \begin{Bmatrix} \dfrac{M_0}{\alpha EI} \\ \dfrac{Q_0}{\alpha^2 EI} \end{Bmatrix} \tag{3-64}$$

$M_n = -C_h I_n \theta_n$,根据式(3-61)可解得:

$$\begin{Bmatrix} \alpha y_0 \\ \theta_0 \end{Bmatrix} = \frac{1}{A_{1n}B_{3n} - A_{3n}B_{1n} + (A_{1n}B_{2n} - A_{2n}B_{1n})\dfrac{C_h I_h}{\alpha EI}} \cdot$$

$$\begin{bmatrix} B_{1n}C_{3n} - B_{3n}C_{1n} + (B_{1n}C_{2n} - B_{2n}C_{1n})\dfrac{C_h I_h}{\alpha EI} & B_{1n}D_{3n} - B_{3n}D_{1n} + (B_{1n}D_{2n} - B_{2n}D_{1n})\dfrac{C_h I_h}{\alpha EI} \\ A_{3n}C_{1n} - A_{1n}C_{3n} + (A_{2n}C_{1n} - A_{1n}C_{2n})\dfrac{C_h I_h}{\alpha EI} & A_{3n}D_{1n} - A_{1n}D_{3n} + (A_{2n}D_{1n} - A_{1n}D_{2n})\dfrac{C_h I_h}{\alpha EI} \end{bmatrix} \cdot \begin{Bmatrix} \dfrac{M_0}{\alpha EI} \\ \dfrac{Q_0}{\alpha^2 EI} \end{Bmatrix} \tag{3-65}$$

③桩基础底部嵌固

适用于桩基础埋深较大或桩基础端部土层较硬或为岩层,此时 $y_n = 0, \theta_n = 0, M_n \neq 0, Q_n \neq 0$。根据式(3-61)可解得:

$$\begin{Bmatrix} \alpha y_0 \\ \theta_0 \end{Bmatrix} = \frac{1}{A_{1n}B_{2n} - A_{2n}B_{1n}} \begin{bmatrix} B_{1n}C_{2n} - B_{2n}C_{1n} & B_{1n}D_{2n} - B_{2n}D_{1n} \\ A_{2n}C_{1n} - A_{1n}C_{2n} & A_{2n}D_{1n} - A_{1n}D_{2n} \end{bmatrix} \begin{Bmatrix} \dfrac{M_0}{\alpha EI} \\ \dfrac{Q_0}{\alpha^2 EI} \end{Bmatrix} \tag{3-66}$$

3.4.6　刚性根式基础水平承载力解析分析

1)荷载传递关系

对埋深较浅,抗弯刚度较大的根式基础,如换算深度 $h \leqslant \dfrac{2.5}{\alpha}$,将根式基础简化为刚体,不考虑井身弯曲变形,计算模型如图3-83所示。

不考虑井身弯曲变形,即刚度比趋向于无穷大。对不含根键的节点,根据式(3-44)及式(3-45),可得首节点 i 到节点 $i+1$ 的传递关系为:

$$\begin{Bmatrix} y_{i+1} \\ \theta_{i+1} \\ M_{i+1} \\ Q_{i+1} \end{Bmatrix} = \begin{bmatrix} 1 & x_{i+1} - x_i & 0 & 0 \\ 0 & 1 & 0 & 0 \\ A_1^{i+1 \leftarrow i} & B_1^{i+1 \leftarrow i} & 1 & x_{i+1} - x_i \\ A_2^{i+1 \leftarrow i} & B_2^{i+1 \leftarrow i} & 0 & 1 \end{bmatrix} \begin{Bmatrix} y_i \\ \theta_i \\ M_i \\ Q_i \end{Bmatrix} \tag{3-67}$$

式中,

$$A_1^{i+1 \leftarrow i} = -\frac{b_0 m (x_{i+1} - x_i)^3}{6} \qquad B_1^{i+1 \leftarrow i} = -\frac{b_0 m (x_{i+1} - x_i)^4}{12}$$

$$A_2^{i+1 \leftarrow i} = -\frac{b_0 m (x_{i+1} - x_i)^2}{2} B_2^{i+1 \leftarrow i} = -\frac{b_0 m (x_{i+1} - x_i)^3}{3}$$

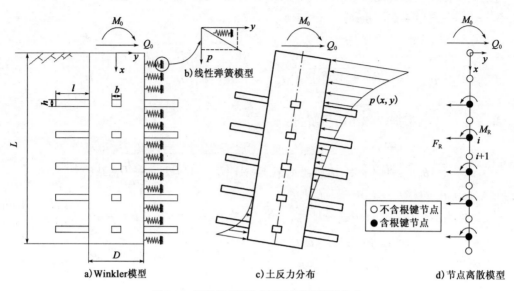

a) Winkler模型　　　　c) 土反力分布　　　　d) 节点离散模型

图 3-83　刚性根式沉井水平承载性能计算模型

根据式（3-67），可得任意不含根键相邻节点的传递关系为：

$$\begin{Bmatrix} y_{i+1} \\ \theta_{i+1} \\ M_{i+1} \\ Q_{i+1} \end{Bmatrix} = \begin{bmatrix} 1 & x_{i+1} - x_{i'} & 0 & 0 \\ 0 & 1 & 0 & 0 \\ A_1^{i+1 \leftarrow i'} & B_1^{i+1 \leftarrow i'} & 1 & x_{i+1} - x_{i'} \\ A_2^{i+1 \leftarrow i'} & B_2^{i+1 \leftarrow i'} & 0 & 1 \end{bmatrix} \cdot \begin{bmatrix} 1 & x_i - x_{i'} & 0 & 0 \\ 0 & 1 & 0 & 0 \\ A_1^{i \leftarrow i'} & B_1^{i \leftarrow i'} & 1 & x_i - x_{i'} \\ A_2^{i \leftarrow i'} & B_2^{i \leftarrow i'} & 0 & 1 \end{bmatrix}^{-1} \begin{Bmatrix} y_i \\ \theta_i \\ M_i \\ Q_i \end{Bmatrix} \quad (3\text{-}68)$$

若 $i+1$ 节点为含根键节点，根据式（3-13）、式（3-14）还需在式（3-67）、式（3-68）叠加上土体对根键的反力 F_R 和弯矩 M_R，则首节点到节点 $i+1$ 的传递关系式（3-67）变为

$$\begin{Bmatrix} y_{i+1} \\ \theta_{i+1} \\ M_{i+1} \\ Q_{i+1} \end{Bmatrix} = \begin{bmatrix} 1 & x_{i+1} - x_i & 0 & 0 \\ 0 & 1 & 0 & 0 \\ A_1 & B_1 - k_\theta & 1 & x_{i+1} - x_i \\ A_2 - k_y & B_2 - k_y(x_{i+1} - x_i) & 0 & 1 \end{bmatrix} \cdot \begin{Bmatrix} y_i \\ \theta_i \\ M_i \\ Q_i \end{Bmatrix} \quad (3\text{-}69)$$

任意不含根键相邻节点的传递关系式（3-68）变为

$$\begin{Bmatrix} y_{i+1} \\ \theta_{i+1} \\ M_{i+1} \\ Q_{i+1} \end{Bmatrix} = \left(\begin{bmatrix} 1 & x_{i+1} - x_{i'} & 0 & 0 \\ 0 & 1 & 0 & 0 \\ A_1^{i+1 \leftarrow i'} & B_1^{i+1 \leftarrow i'} & 1 & x_{i+1} - x_{i'} \\ A_2^{i+1 \leftarrow i'} & B_2^{i+1 \leftarrow i'} & 0 & 1 \end{bmatrix} \cdot \begin{bmatrix} 1 & x_i - x_{i'} & 0 & 0 \\ 0 & 1 & 0 & 0 \\ A_1^{i \leftarrow i'} & B_1^{i \leftarrow i'} & 1 & x_i - x_{i'} \\ A_2^{i \leftarrow i'} & B_2^{i \leftarrow i'} & 0 & 1 \end{bmatrix}^{-1} - \right.$$

$$\left. \begin{bmatrix} 0 & 0 & 0 & 0 \\ 0 & 0 & 0 & 0 \\ 0 & k_\theta & 0 & 0 \\ k_y & k_y(x_j - x_i) & 0 & 0 \end{bmatrix} \right) \begin{Bmatrix} y_i \\ \theta_i \\ M_i \\ Q_i \end{Bmatrix} \quad (3\text{-}70)$$

2）边界条件

假设由式（3-67）～式（3-70）得到的首节点（$i=0$）到末节点（$i=n$）的最终传递关系为：

$$\begin{Bmatrix} y_n \\ \theta_n \\ M_n \\ Q_n \end{Bmatrix} = \begin{bmatrix} A_{1n} & B_{1n} & C_{1n} & D_{1n} \\ A_{2n} & B_{2n} & C_{2n} & D_{2n} \\ A_{3n} & B_{3n} & C_{3n} & D_{3n} \\ A_{4n} & B_{4n} & C_{4n} & D_{4n} \end{bmatrix} \begin{Bmatrix} y_0 \\ \theta_0 \\ M_0 \\ Q_0 \end{Bmatrix} \tag{3-71}$$

（1）沉井底部自由

① $y_n \neq 0, \theta_n \neq 0, Q_n = 0, M_n = 0$

$$\begin{Bmatrix} y_0 \\ \theta_0 \end{Bmatrix} = \frac{1}{A_{3n}B_{4n} - A_{4n}B_{3n}} \begin{bmatrix} B_{3n}C_{4n} - B_{4n}C_{3n} & B_{3n}D_{4n} - B_{4n}D_{3n} \\ A_{4n}C_{3n} - A_{3n}C_{4n} & A_{4n}D_{3n} - A_{3n}D_{4n} \end{bmatrix} \begin{Bmatrix} M_0 \\ Q_0 \end{Bmatrix} \tag{3-72}$$

② $y_n \neq 0, \theta_n \neq 0, Q_n = 0, M_n = -C_h I_n \theta_n$

$$\begin{Bmatrix} y_0 \\ \theta_0 \end{Bmatrix} = \frac{1}{A_{3n}B_{4n} - A_{4n}B_{3n} + (A_{2n}B_{4n} - A_{4n}B_{2n})\dfrac{C_h I_h}{\alpha EI}} \cdot$$

$$\begin{bmatrix} B_{3n}C_{4n} - B_{4n}C_{3n} + (B_{2n}C_{4n} - B_{4n}C_{2n})\dfrac{C_h I_h}{\alpha EI} & B_{3n}D_{4n} - B_{4n}D_{3n} + (B_{2n}D_{4n} - B_{4n}D_{2n})\dfrac{C_h I_h}{\alpha EI} \\ A_{4n}C_{3n} - A_{3n}C_{4n} + (A_{4n}C_{2n} - A_{2n}C_{4n})\dfrac{C_h I_h}{\alpha EI} & A_{4n}D_{3n} - A_{3n}D_{4n} + (A_{4n}D_{2n} - A_{2n}D_{4n})\dfrac{C_h I_h}{\alpha EI} \end{bmatrix} \cdot$$

$$\begin{Bmatrix} M_0 \\ Q_0 \end{Bmatrix} \tag{3-73}$$

（2）沉井底部铰接

① $y_n = 0, \theta_n \neq 0, Q_n \neq 0, M_n = 0$

$$\begin{Bmatrix} y_0 \\ \theta_0 \end{Bmatrix} = \frac{1}{A_{1n}B_{3n} - A_{1n}B_{3n}} \begin{bmatrix} B_{1n}C_{3n} - B_{3n}C_{1n} & B_{1n}D_{3n} - B_{3n}D_{1n} \\ A_{3n}C_{1n} - A_{1n}C_{3n} & A_{3n}D_{1n} - A_{1n}D_{3n} \end{bmatrix} \begin{Bmatrix} M_0 \\ Q_0 \end{Bmatrix} \tag{3-74}$$

② $y_n = 0, \theta_n \neq 0, Q_n \neq 0, M_n = -C_h I_n \theta_n$

$$\begin{Bmatrix} y_0 \\ \theta_0 \end{Bmatrix} = \frac{1}{A_{1n}B_{3n} - A_{3n}B_{1n} + (A_{1n}B_{2n} - A_{2n}B_{1n})\dfrac{C_h I_h}{\alpha EI}} \cdot$$

$$\begin{bmatrix} B_{1n}C_{3n} - B_{3n}C_{1n} + (B_{1n}C_{2n} - B_{2n}C_{1n})\dfrac{C_h I_h}{\alpha EI} & B_{1n}D_{3n} - B_{3n}D_{1n} + (B_{1n}D_{2n} - B_{2n}D_{1n})\dfrac{C_h I_h}{\alpha EI} \\ A_{3n}C_{1n} - A_{1n}C_{3n} + (A_{2n}C_{1n} - A_{1n}C_{2n})\dfrac{C_h I_h}{\alpha EI} & A_{3n}D_{1n} - A_{1n}D_{3n} + (A_{2n}D_{1n} - A_{1n}D_{2n})\dfrac{C_h I_h}{\alpha EI} \end{bmatrix} \cdot$$

$$\begin{Bmatrix} \dfrac{M_0}{\alpha EI} \\ \dfrac{Q_0}{\alpha^2 EI} \end{Bmatrix} \tag{3-75}$$

（3）沉井底部嵌固

$$y_n = 0, \theta_n = 0, M_n \neq 0, Q_n \neq 0$$

$$\left\{\begin{matrix} y_0 \\ \theta_0 \end{matrix}\right\} = \frac{1}{A_{1n}B_{2n} - A_{2n}B_{1n}} \begin{bmatrix} B_{1n}C_{2n} - B_{2n}C_{1n} & B_{1n}D_{2n} - B_{2n}D_{1n} \\ A_{2n}C_{1n} - A_{1n}C_{2n} & A_{2n}D_{1n} - A_{1n}D_{2n} \end{bmatrix} \left\{\begin{matrix} M_0 \\ Q_0 \end{matrix}\right\} \tag{3-76}$$

3.5 根式基础的实用计算方法

传统桩基础分析的主要方法有弹性理论法、剪切位移法、荷载传递法、数值计算法和其他一些经验方法。弹性理论法和剪切位移法都不能计算变截面基础;荷载传递法通过引入荷载传递函数求解桩的承载力与位移,其概念是将桩离散成若干弹性单元,以荷载传递关系,根据桩身变形与桩侧土变形协调关系,迭代求解,该方法计算明确,应用广泛。数值计算法建模稍复杂,但适用于各种复杂基础结构和土层,也逐渐得到推广应用。

根式基础是一种全新的基础形式,结构形式较传统基础复杂,是分叉延伸的空间结构体。根式基础的位移大小不仅和基础尺寸、根键尺寸、根键布置情况以及土性等参数有关,还与荷载水平有关:当荷载较小时,端部土体尚未出现明显的塑性变形且井周土与基础侧壁之间也未产生滑移,这时端部土体压缩特性可用弹性性能来近似描述,载荷与位移呈线性关系;当荷载较大时,端部土体将发生塑性变形,这时位移量会急剧增大,载荷与沉降则呈现明显的非线性关系。

本书 3.4 节采用荷载传递解析分析法,基于 Winkler 地基模型,考虑桩土作用的非线性特性,利用剪切位移法和传递矩阵法建立了分层土中单桩的荷载位移传递矩阵,把基础周围土体离散为一个个单独作用的弹簧,然后根据弹性地基上的梁的挠曲微分方程求解桩的位移和内力。

采用荷载传递方法可推导出根式基础顶部荷载与位移的关系理论计算曲线,包括竖向荷载—桩顶沉降(Q-S)曲线、水平荷载—桩顶挠度(H-X)曲线,可根据曲线的特征拐点,得出根式基础的竖向、水平向承载力。该曲线不仅反映根式基础承载力发挥与其竖向沉降、水平向位移密切关系,同时满足工程实际中对基础顶部沉降或水平位移要求越来越严格的控制要求,可用于验算悬索桥根式锚碇基础相关位移。

考虑解析分析方法计算稍复杂,本节给出与现有设计规范类似的竖向、水平向承载力简化计算公式,方便根式基础承载力的初步计算,方便设计使用。

3.5.1 根式基础竖向承载力构成

根式基础竖向承载力发挥包含三个部分:各层桩单元桩身侧壁摩阻力、各层根键单元根键承载力、基础底部端承力,计算公式如下:

$$Q_{uk} = Q_{sk} + Q_{pk} = u\sum q_{sik}l_i + \psi\sum q_{pik}A_{pi} + q_{pk}A_p \tag{3-77}$$

式中:Q_{uk}——单桩竖向极限承载力标准值(kN);

Q_{sk}——单桩总极限侧阻力标准值(kN);

Q_{pk}——单桩总极限端阻力标准值(kN);

u——主桩桩身周长(m);

q_{sik}——桩侧 i 层土的极限侧阻力标准值(kPa);

l_i——桩穿越第 i 层土的厚度,计算时应减去根键段高度(m);

q_{pik}——桩身上第 i 层根键处土的极限端阻力标准值(kPa);

q_{pk}——主桩底处土的极限端阻力标准值(kPa);

A_{pi}——扣除主桩桩身截面积的根键的水平投影面积(m²);

A_p——主桩桩端面积(m²);

ψ——根键极限端阻力标准值的修正系数,受根键入土深度、根键分布密度等影响,取值范围为 0.6~0.7。

其中,ψ 的物理意义中包含所有的根键增加的侧摩阻力与根键端阻力的作用。

关于根式基础的竖向位移计算,利用荷载传递法计算根式基础的沉降大小,对于桩体部分考虑桩身压缩,对于根键需在计算中考虑根键与土体的相互作用。

长度短、截面大的根键可近似为刚性体;长度长、截面小的根键可近似为弹性梁。荷载较小时,可进行刚性或弹性计算;荷载较大时,根键接近强度破坏状态时,则必须进行非弹性计算。根键长宽比较小时,根键可近似为刚体,不考虑根键弯曲对承载性能的影响,即假定根键任意点处位移与井壁相同。本书对于常规根式基础承载力进行讨论,即计算时根键作为刚性计算。

3.5.2 根式基础竖向承载力简化计算

结合根式基础受力机理,根式基础竖向承载力发挥包含:各层桩单元桩身侧壁摩阻力、基础底部端承载力、各层根键单元根键侧面摩阻力和根键底面承载力。

根式基础竖向承载力容许值计算公式如下:

$$\left[R_a \right] = \sum_{i=1}^{n} Q_{si} + Q_p + \sum_{j=1}^{n_g} \left(Q_{gsj} + Q_{gpj} \right) \tag{3-78}$$

式中:Q_{si}——第 i 土层,桩身侧壁摩阻力容许值 $Q_{si} = \dfrac{1}{2} u q_{ik} l_i D$;

Q_p——根式基础底部承载力容许值,具体取值参考下文;

Q_{gsj}——第 j 土层根键的侧面摩阻力容许值,$Q_{gsj} = \dfrac{1}{2} \times (2 m_g l_g h_g q_{kj})$;

Q_{gpj}——第 j 土层根键的底面承载力容许值,$Q_{gpj} = m_g b_g l_g \eta_g q_{rj}$;

$$q_{rj} = m_0 \lambda \left[[f_{aj}] + k_2 \gamma_2 (h_j - 3) \right]$$

$$\eta_g = \begin{cases} 1 & s_g / h_g > 6 \\ \eta_g = \dfrac{\left(\dfrac{s_g}{d} \right)^{0.015 m_g + 0.45}}{0.15 n_g + 0.10 m_g + 1.9} & s_g / h_g \leq 6 \end{cases} \tag{3-79}$$

$[R_a]$——根式基础竖向受压承载力容许值(kN),基础自重与置换自重(当自重计入浮力时,置换土重也计入浮力)的差值作为荷载考虑;

D——基础主井外直径(m);

n——土的层数;

l_i——承台底面或局部冲刷线到桩端土层厚度(m),扩孔部分不计;

q_{ik} ——与 l_i 对应的各土层与沉井侧壁的摩阻力标准值(kPa),宜采用单井摩阻力试验确定,当无试验条件时按《根式基础技术规程》附录 A 附表 1 选用;

q_{kj} ——与 l_i 对应的各土层与根键侧面的摩阻力标准值(kPa),宜采用单井摩阻力试验确定,当无试验条件时按《根式基础技术规程》附录 A 附表 2 选用;

q_{rj} ——根键底面土的承载力容许值(kPa),按照上述 q_{rj} 深度修正公式计算;

n_g ——根键层数;

m_g ——每层根键的布置数量;

b_g ——根键宽度(m);

l_g ——根键长度(m);

h_g ——根键高度(m);

s_g ——相邻层根键之间距离(m);

η_g ——根键相互影响效应系数,可按式(3-79)计算;

m_0 ——清底系数,按《根式基础技术规程》附录 A 附表 3 选用,对于根键而言,该系数为 1;

λ ——修正系数,按《根式基础技术规程》附录 A 附表 4 选用,对于根键而言,该系数为 1;

$[f_{aj}]$ ——桩端、支端和盘端土的承载力基本容许值(kPa),按地质勘查试验报告取值,当无试验条件时按《根式基础技术规程》附录 A 附表 5 选用;

k_2 ——容许承载力随深度的修正系数,按《根式基础技术规程》附录 A 附表 6 选用;

γ_2 ——桩端、盘端和支端以上各土层的加权平均重度(kN/m³),具体可参照《公路桥涵地基与基础设计规范》(JTG D63—2007);

h_j ——基底、根键的埋置深度(m),大于 40m 时,按 40m 计算。

在计算根式基础桩底部承载力容许值 Q_p 时,结合多根根式基础的试桩成果,考虑两种情况:

(1)当根式基础底部承载力承担比例小于总承载力容许值 35% 时,底部承载力采用如下简化计算公式:

$$Q_p = q_r \times \frac{\pi D^2}{4} \tag{3-80}$$

其中,$q_r = m_0 \lambda \left[[f_{aj}] + k_2 r_2 (h_j - 3) \right]$。

式中:q_r ——基底处土的承载力容许值(kPa),当持力层为砂土、碎石土时,若计算值超过下列值,宜按下列值采用:粉砂 1000kPa,细砂 1150kPa,中砂、粗砂、砾砂 1450kPa,碎石土 2750kPa。

(2)对于根式基础井身直径较大时,按照上式计算出的根式基础底部承载力承担比例大于总承载力容许值 35% 时,应考虑基础底部土体承载的不均匀性。对此类根式基础,本书采用量纲分析法,推导得出底部承载力简化计算公式。

对于大直径根式基础,假定基础底部的土层的性质相同,基础底部的承载力完全由沉井底部以下的土层承担。因此基础底面的承载力仅与土的材料性质有关而与基础本身的材料性质无关。由量纲分析可知,某一位移下基础底面的承载力与土的弹性模量呈正比。而且,承载力不会无限增大,最终会趋于一个定值。因此承载力与位移的双曲线函数有关。据此,可以给出根式基础底部的承载力的一个通式:

$$Q_b = E_0 r^{\eta_1} f\left(\frac{\delta}{c_1\delta + c_2}\right) \tag{3-81}$$

式中:E_0——土层的弹性模量;

　　r——基础底面的特征尺度,对于圆形底面的为直径,对于方形底面则为边长;

　　δ——基础底面的竖向位移;

c_1、c_2——常数;

　　η_1——井底形状效应系数;

　　f——函数。

为了确定函数 f,进行了弹塑性数值模拟。从图3-84中可以看出,基础底部承载力的对数与位移的关系为一条双曲线。

图3-85是根式基础底部承载力与特征尺度的关系曲线,但把承载力除以 $r^{0.5}$ 后就有图3-86。

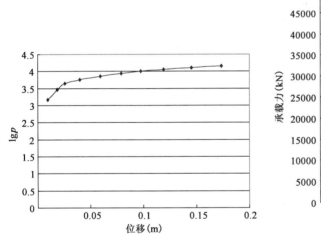

图3-84　基础底部承载力的对数与位移的关系曲线　　　图3-85　根式基础底部承载力与特征尺度的关系曲线

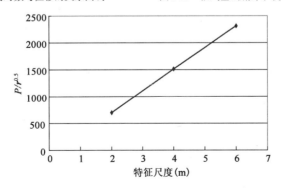

图3-86　转换后基础底部的承载力与特征尺度的关系曲线

采用量纲分析方法,通过数值分析,总结各种位移工况、各类土层、直径不大于8m根式基础底部承载力特征曲线,得出根式基础底部的承载力简化计算公式如下:

$$Q_b = \frac{\pi}{4}E_0 r^{1.5} 10^{\frac{\delta}{c_1\delta+0.02}} \tag{3-82}$$

其中,c_1取值见表3-2。

c_1 的 取 值   表 3-2

内摩擦角(°)	40	35	31.5	28
c_1	0.71	0.69	0.67	0.64

上式只适用于基础底部的影响范围内为同一均质土层。当其特征尺度大于8m时,其影响范围通常会涵盖多种土层且考虑土层的强度随底层深度增加,对于直径大于8m根式基础底面承载力可采用下式简化计算:

$$Q_b = \frac{\pi}{4}E_0 r^2 10^{\frac{\delta}{0.002-c_1\delta}} \tag{3-83}$$

3.5.3 根式基础水平承载力简化计算

在3.4.5节根式基础水平承载力解析分析一节中,给出弹性根式基础和刚性根式基础水平荷载(H)与水平位移(X)关系矩阵,通过解析分析可以得出H-X曲线,同时分析该曲线的特征拐点,取其特征点处承载力作为根式基础水平承载力,但上述方法计算较烦琐,不适用于水平承载力初步计算。

考虑根式基础水平承载力主要由桩身水平承载力R_{ha}和根键水平承载力R_{hg}两部分组成:

$$R_h = R_{ha} + R_{hg}$$

式中:R_{ha}——桩身水平承载力,其简化计算可参考普通桩基础。

由量纲分析方法总结出根键水平承载力R_{hg}简化公式,以便水平承载力初步计算使用。

1)根式基础桩身水平承载力特征值

计算桩身的水平承载力特征值时,暂不考虑根键效应,参考《建筑桩基础技术规范》(JTG 94—2008)。

(1)对于桩身配筋率小于0.65%的灌注桩水平承载力特征值:

$$R_{ha} = \frac{0.75\alpha\gamma_m f_t W_0}{\nu_M}(1.25 + 22\rho_g)\left(1 \pm \frac{\zeta_N \cdot N}{\gamma_m f_t A_n}\right) \tag{3-84}$$

式中:α——桩的水平变形系数,在下文给出;

R_{ha}——单桩水平承载力特征值,正负号根据桩顶竖向力性质确定,压力取"$+$",拉力取"$-$";

γ_m——桩截面模量塑性系数,圆形截面$\gamma_m = 2$,矩形截面$\gamma_m = 1.75$;

f_t——桩身混凝土抗拉强度设计值;

W_0——桩身换算截面受拉边缘的截面模量,圆形截面为$W_0 = \frac{\pi d}{32}[d^2 + 2(\alpha_E - 1)\rho_g d_0^2]$,方形

截面为$W_0 = \frac{b}{6}[b^2 + 2(\alpha_E - 1)\rho_g b_0^2]$,其中$d$为桩直径,$d_0$为扣除保护层厚度的桩

直径，b 为方形截面边长，b_0 为扣除保护层厚度的桩截面宽度，α_E 为钢筋弹性模量与混凝土弹性模量的比值；

ν_M——桩身最大弯矩系数，按表3-3取值，当单桩基础和单排桩基纵向轴线与水平力方向相垂直时，按桩顶铰接考虑；

ρ_g——桩身配筋率；

A_n——桩身换算截面面积，圆形截面为 $A_n = \dfrac{\pi d^2}{4}\left[1 + (\alpha_E - 1)\rho_g\right]$，方形截面为 $A_n = b^2\left[1 + (\alpha_E - 1)\rho_g\right]$；

ζ_N——桩顶竖向力影响系数，竖向压力取0.5，竖向拉力取1.0；

N——在荷载效应标准组合下桩顶的竖向力（kN）。

桩顶(身)最大弯矩系数 ν_M 和桩顶水平位移系数 ν_x　　　　表 3-3

桩顶约束情况	桩的换算埋深（αh）（m）	ν_M	ν_x
铰接、自由	4.0	0.768	2.441
	3.4	0.750	2.502
	3.0	0.703	2.727
	2.8	0.675	2.905
	2.6	0.639	3.163
	2.4	0.601	3.426
固结	4.0	0.926	0.940
	3.4	0.934	0.970
	3.0	0.967	1.028
	2.8	0.990	1.055
	2.6	1.018	1.079
	2.4	1.045	1.095

注：1. 铰接（自由）的 ν_M 是指桩身的最大弯矩系数，固接的 ν_M 是指桩顶的最大弯矩系数。

2. 当 $\alpha h > 4\text{m}$ 时取 $\alpha h = 4.0\text{m}$。

（2）当桩的水平承载力由水平位移控制，且缺少单桩水平静载试验资料时，可按下式估算桩身配筋率不小于0.65%的灌注桩单桩水平承载力特征值：

$$R_{ha} = 0.75 \frac{\alpha^3 EI}{\nu_x} x_{0a} \qquad (3\text{-}85)$$

式中：EI——桩身抗弯刚度，对于钢筋混凝土桩，$EI = 0.85 E_c I_0$，其中 I_0 为桩身换算截面惯性矩（圆形截面 $I_0 = W_0 d_0/2$，矩形截面 $I_0 = W_0 b_0/2$）；

x_{0a}——桩顶允许水平位移；

ν_x——桩顶水平位移系数，按表3-3取值，取值方法同 ν_M。

（3）桩的水平变形系数 $\alpha(1/m)$：

$$\alpha = \sqrt[5]{\frac{mb_0}{EI}} \qquad (3\text{-}86)$$

式中：m——桩侧土水平抗力系数的比例系数；

b_0——桩身的计算宽度（m）。圆形桩：当直径 $d \leqslant 1\text{m}$ 时，$b_0 = 0.9(1.5d + 0.5)$；当直径 $d > 1\text{m}$ 时，$b_0 = 0.9(d + 1)$。

(4)桩侧土水平抗力系数的比例系数 m ,宜通过单桩水平静载试验确定,当无静载试验资料时,可按表3-4取值。

地基土水平抗力系数的比例系数 m 值 　　　　　　表3-4

序号	地基土类别	预制桩、钢桩		灌注桩	
		m（MN/m⁴）	相应单桩在地面处水平位移(mm)	m（MN/m⁴）	相应单桩在地面处水平位移(mm)
1	淤泥;淤泥质土;饱和湿陷性黄土	2 ~ 4.5	10	2.5 ~ 6	6 ~ 12
2	流塑($I_L > 1$)、软塑($0.75 < I_L \leqslant 1$)状黏性土;$e > 0.9$ 粉土;松散粉细砂;松散、稍密填土	4.5 ~ 6.0	10	6 ~ 14	4 ~ 8
3	可塑($0.25 < I_L \leqslant 0.75$)状黏性土、湿陷性黄土;$e = 0.75 ~ 0.9$ 粉土;中密填土;稍密细砂	6.0 ~ 10	10	14 ~ 35	3 ~ 6
4	硬塑($0 < I_L \leqslant 0.25$)、坚硬($I_L \leqslant 0$)状黏性土、湿陷性黄土;$e < 0.75$ 粉土;中密的中粗砂;密实老填土	10 ~ 22	10	35 ~ 100	2 ~ 5
5	中密、密实的砾砂、碎石类土			100 ~ 300	1.5 ~ 3

注:1. 当桩顶水平位移大于表列数值或灌注桩配筋率较高(≥0.65%)时, m 值应适当降低;当预制桩的水平向位移小于10mm时, m 值可适当提高。

2. 当水平荷载为长期或经常出现的荷载时,应将表列数值乘以0.4降低采用。

3. 当地基为可液化土层时,应将表列数值乘以土的液化折减系数 ψ_1 ,可参考《建筑桩基础技术规范》(JTG 94—2008)中5.3.12条。

2)根键水平承载力特征值

根键固结于根式基础桩身,根键水平承载力的发挥与桩身水平位移及桩身截面转角有关,即不同深度处根键水平抗力不同。

同一深度处,根键的抗力随根键位置不同而作用的方式不同。如图3-87所示根键可分为4对,分为与水平荷载的方向一致、斜交和垂直三类,根键的水平承载力由上述三类根键水平承载力叠加,即:

$$R_{hg} = R_{hg1} + R_{hg2} + R_{hg3} \qquad (3-87)$$

式中: R_{hg1} 、 R_{hg2} 、 R_{hg3} ——分别为三类根键的水平承载力,具体计算如下。

第一类根键,其轴线与水平荷载的方向一致时,根键水平承载力主要来自于根键的抗弯力(图3-88)。

第二类根键,其轴线与水平荷载的方向斜交,

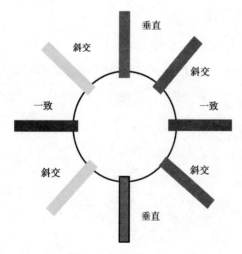

图3-87　根键位置与作用力的几何关系

根键的水平承载包含第一、三类根键两类受力机理。

第三类根键,其轴线与水平荷载的方向垂直,根键的水平承载力主要来源于迎面的土抗力(图3-89)。

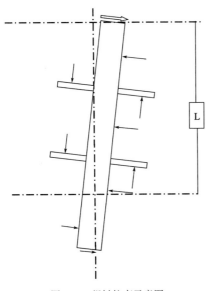

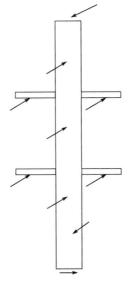

图3-88　根键抗弯示意图　　　　　　图3-89　根键抗水平力示意图

(1)第一类根键水平承载力计算公式

对于第一类根键,其轴线与水平荷载的方向一致,采用量纲分析法可以得到根键的水平承载力计算公式如下:

$$R_{\mathrm{hg1}} = Er\frac{\theta}{0.95 + 1552\theta} \tag{3-88}$$

其中,$\theta = \dfrac{\delta}{L}$。

式中:δ ——根式基础顶部水平位移。

对于如图3-90a)所示弹性桩,L 为桩位第一个位移零点距离桩顶的距离,对于如图3-90所

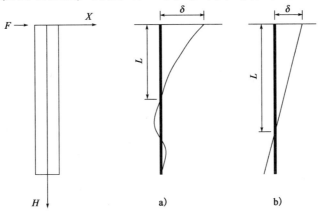

图3-90　桩身变形示意图

示的刚性桩,L 为桩身旋转中心距离桩顶的距离。δ 及 L 可取单桩水平承载力特征值 R_{ha} 荷载工况下,不考虑根键效应时桩顶位移及位移零点位置。

上式表明根键的水平承载力与周围土体的弹性模量呈正比,与根键的直径(半径)呈正比,与根键的长度的平方呈正比,与桩身的转角呈双曲线关系。

(2)第二类根键水平承载力计算公式

对于第二类根键,其轴线与水平荷载的方向成 ϕ 的夹角(图 3-91),根键的水平承载力既有迎面或背面的压力,又有抗弯力,第二类根键的水平作用力为根键投影面乘以土水平抗力,可由下式计算:

$$R_{hg2} = Er\left[(L + R)\sin\phi - R \right] \frac{\dfrac{\delta}{r}}{1.8 + 63\dfrac{\delta}{r}} \tag{3-89}$$

式中:R——沉井半径;

ϕ——根键与水平力的夹角。

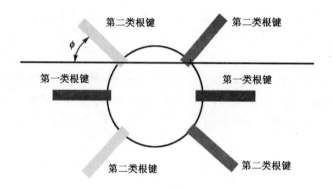

图 3-91　根键布置图

(3)第三类根键水平承载力计算公式

对于第三类根键,其轴线与水平荷载的方向成 90°,根键迎面的土抗力用量纲分析法得出,具体如下式:

$$R_{hg3} = ErL \frac{\dfrac{\delta}{r}}{c_3 + c_4 \dfrac{\delta}{r}} \tag{3-90}$$

其中,$c_3 = 1.8$,$c_4 = 63$。上式表明根键的垂直向承载力与周围土体的弹性模量呈正比,与根键的截面高度呈正比,与根键的长度呈正比,与根键的特征应变呈双曲线关系。

3.5.4　根式基础竖向沉降计算

根式基础竖向沉降计算,可根据 Winkler 弹性地基梁模型,采用荷载传递法,假设基础沉降与土体反力呈线性关系,如图 3-92 所示。

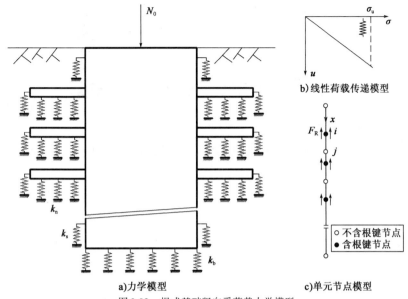

b) 线性荷载传递模型

c) 单元节点模型

a) 力学模型

图 3-92 根式基础竖向受荷载力学模型

基础相邻节点轴力与竖向位移的关系为:

$$\begin{Bmatrix} u_j \\ N_j \end{Bmatrix} = \begin{bmatrix} A_{ij} & B_{ij} \\ C_{ij} & D_{ij} \end{bmatrix} \begin{Bmatrix} u_i \\ N_i \end{Bmatrix} \tag{3-91}$$

$$A_{ij} = \frac{1}{2}(e^{\lambda_1 \Delta x} + e^{-\lambda_1 \Delta x})$$

$$B_{ij} = -\frac{\lambda_2}{2\lambda_1}(e^{\lambda_1 \Delta x} - e^{-\lambda_1 \Delta x})$$

$$C_{ij} = -\frac{\lambda_1}{2\lambda_2}(e^{\lambda_1 \Delta x} - e^{-\lambda_1 \Delta x}) - \frac{k_g}{2}(e^{\lambda_1 \Delta x} + e^{-\lambda_1 \Delta x})$$

$$D_{ij} = \frac{1}{2}(e^{\lambda_1 \Delta x} + e^{-\lambda_1 \Delta x}) - \frac{\lambda_2 k_g}{2\lambda_1}(e^{\lambda_1 \Delta x} - e^{-\lambda_1 \Delta x})$$

$$\lambda_1 = \sqrt{\frac{4Dk_s}{E(D^2 - d^2)}}$$

$$\lambda_2 = \frac{4}{\pi E(D^2 - d^2)}$$

$$k_g = \eta_g m_g (k_n b_g l_g + 2K_0 k_s l_g h_g)$$

式中：u_i、u_j——第 i、j 层根键处井身竖向位移；

$\quad\quad N_i$、N_j——第 i、j 层根键处井身位移；

$\quad\quad d$——基础主井内直径；

$\quad\quad k_g$——相应土层对根键的总刚度；

$\quad\quad k_n$——相应土层对根键的法向刚度；

$\quad\quad k_s$——相应土层对根键的切向刚度。

若基础顶部沉降与竖向荷载为 u_0、N_0，基础底部沉降与竖向荷载为 u_n、N_n，则 u_0、N_0 与 u_n、

N_n 的关系式可通过式(3-91)建立。其中,N_0 为已知外荷载,u_n 与 N_n 关系为:

$$N_n = \frac{\pi D^2}{4} k_n u_n \qquad (3-92)$$

联立式(3-91)、式(3-92)便可求得基础顶部沉降 u_0 及轴力分布。

3.5.5 根式基础水平位移

将根键所受土反力代入式(3-51),可得根式基础相邻节点水平位移、井身转角、弯矩、剪力的传递关系为:

$$
\begin{Bmatrix} \alpha v_{i+1} \\ \theta_{i+1} \\ \dfrac{M_{i+1}}{\alpha EI} \\ \dfrac{Q_{i+1}}{\alpha^2 EI} \end{Bmatrix} =
\begin{bmatrix} A'_1 & B'_1 & C'_1 & D'_1 \\ A'_2 & B'_2 & C'_2 & D'_2 \\ A'_3 - \dfrac{A'_2 k_\theta}{EI} & B'_3 - \dfrac{B'_2 k_\theta}{EI} & C'_3 - \dfrac{C'_2 k_\theta}{EI} & D'_3 - \dfrac{D'_2 k_\theta}{EI} \\ A'_4 - \dfrac{A'_1 k_y}{EI} & B'_4 - \dfrac{B'_1 k_y}{EI} & C'_4 - \dfrac{C'_1 k_y}{EI} & D'_4 - \dfrac{D'_1 k_y}{EI} \end{bmatrix}
\begin{Bmatrix} \alpha v_i \\ \theta_i \\ \dfrac{M_i}{\alpha EI} \\ \dfrac{Q_i}{\alpha^2 EI} \end{Bmatrix}
$$

单层根键产生的水平位移总刚度可按下式计算:

$$k_u = \sum_{i=1}^{m_g} k_{ui} \qquad (3-93)$$

$$k_{ui} = \begin{cases} h_g l_g \sin\varphi k_n + b_g h_g \cos\varphi k_n + 2 b_g l_g K_0 k_s & 0 < \varphi \leqslant \dfrac{\pi}{2} \\ h l \sin\varphi k_n + 2 b l K_0 k_s & \dfrac{\pi}{2} < \varphi \leqslant \pi \end{cases} \qquad (3-94)$$

式中:k_u——单层根键产生的水平位移总刚度;

k_θ——根键产生的转动刚度,可按下式计算:

$$k_\theta = \sum_{i=1}^{m_g} k_{\theta i} \qquad (3-95)$$

$$
k_{\theta i} = \int_0^{-b\cos\varphi} \int_{s\tan\varphi}^{-s\cot\varphi} k_n \theta \left[-\left(\frac{D}{2} + \frac{b_g}{2}\cot\varphi \right)\cos\varphi + \frac{b_g}{2\sin\varphi} + t \right]^2 dt ds +
$$

$$
\int_0^{l\sin\varphi} \int_{-s\cot\varphi - \frac{b}{\sin\varphi}}^{-s\cot\varphi} k_n \theta \left[-\left(\frac{D}{2} - \frac{b_g}{2}\cot\varphi \right)\cos\varphi + \frac{b_g}{2\sin\varphi} + t \right]^2 dt ds +
$$

$$
\int_0^{-b\cos\varphi} \int_{-s\cot\varphi}^{s\tan\varphi - \frac{b}{\sin\varphi}} k_n \theta \left[-\left(\frac{D}{2} + l_g - \frac{b_g}{2}\cot\varphi \right)\cos\varphi - \frac{b_g}{2\sin\varphi} + t \right]^2 dt ds +
$$

$$
\int_0^{l} h K_0 k_s \theta \left[-\left(\frac{D}{2} - \frac{b_g}{2}\cot\varphi \right)\cos\varphi - \frac{b_g}{2\sin\varphi} - t\cos\varphi \right]^2 dt +
$$

$$
\int_0^{l} h K_0 k_s \theta \left[-\left(\frac{D}{2} + \frac{b_g}{2}\cot\varphi \right)\cos\varphi + \frac{b_g}{2\sin\varphi} - t\cos\varphi \right]^2 dt +
$$

$$
\int_0^{b} h K_0 k_s \theta \left[-\left(\frac{D}{2} + l_g - \frac{b_g}{2}\cot\varphi \right)\cos\varphi - \frac{b_g}{2\sin\varphi} + \frac{t}{\sin\varphi} \right]^2 dt \qquad (3-96)
$$

3.6 现场试验验证

为验证根式基础受力模式、破坏模式、根式基础竖向承载力线性和非线性解析分析,弹性、刚性水平承载力解析分析,通过淮河公路桥根式基础竖向承载力静载试验、马鞍山长江大桥竖向、水平静载试验、望东长江大桥竖向、水平静载试验,对其进行验证。

3.6.1 根式基础竖向承载性能现场试验

1)淮河公路桥根式基础竖向静载试验(8m 根式基础)

该桥根式基础竖向静荷载相关试验如图 3-93 ~ 图 3-98 所示。

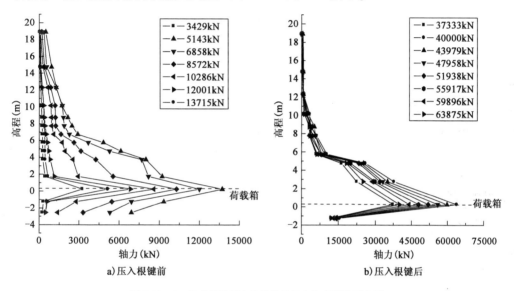

a)压入根键前 b)压入根键后

图 3-93 8m 根式基础压入根键前后轴力与高程关系曲线

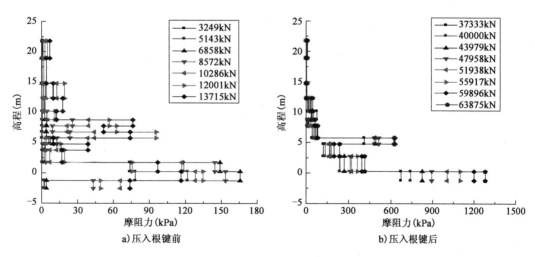

a)压入根键前 b)压入根键后

图 3-94 8m 根式基础摩阻力与高程关系曲线

如图 3-95 所示,根键的弯矩随着外荷载的增大而增大,近端弯矩大于远端弯矩。

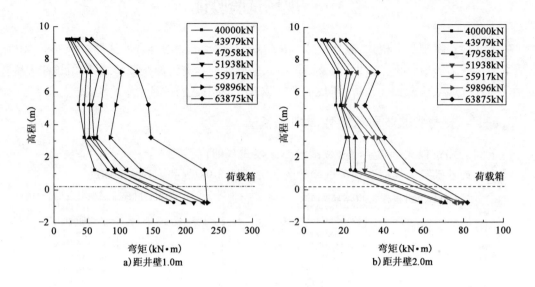

图 3-95　8m 根式基础根键截面弯矩与高程关系曲线

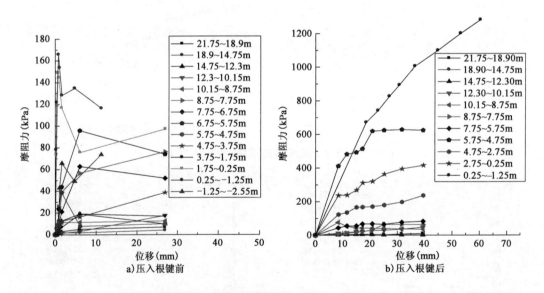

图 3-96　8m 根式沉井摩阻力与位移关系曲线

如图 3-97 及图 3-98 所示,在基础顶部竖向位移相同的情况下,根式基础的承载力比普通基础的承载力显著提高。压入根键后根式基础的侧阻力占总承载力的比例在增大,端阻力占总承载力的比例在减小。

2) 马鞍山长江大桥竖向静载试验

该桥竖向静荷载试验如图 3-99 ~ 图 3-103 所示。

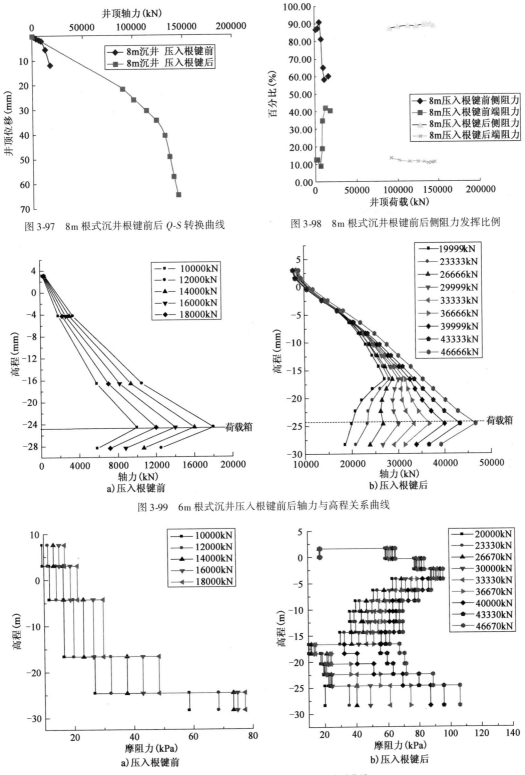

图 3-97　8m 根式沉井根键前后 *Q-S* 转换曲线

图 3-98　8m 根式沉井根键前后侧阻力发挥比例

图 3-99　6m 根式沉井压入根键前后轴力与高程关系曲线

a)压入根键前

b)压入根键后

图 3-100　6m 根式沉井摩阻力与高程关系曲线

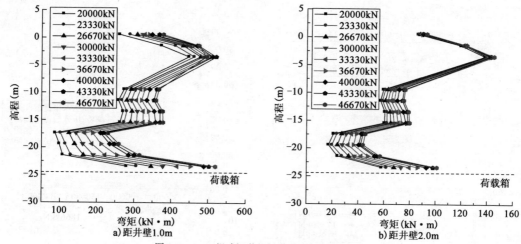

图 3-101　6m 根式沉井根键截面弯矩与高程关系

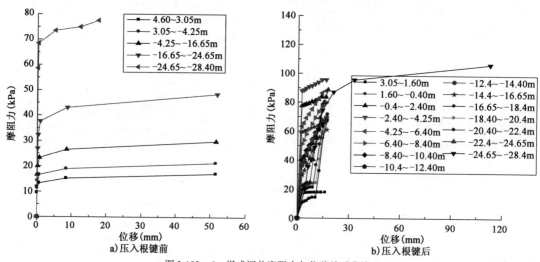

图 3-102　6m 根式沉井摩阻力与位移关系曲线

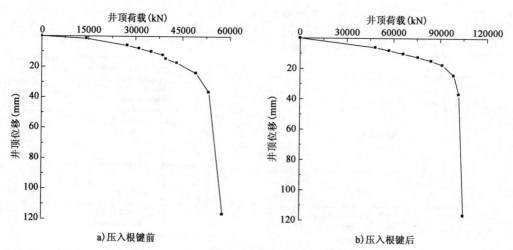

图 3-103　6m 根式沉井压入根键前后荷载—位移转换曲线

如图 3-103 所示,基础的竖向承载力随着竖向位移的增大而增大。压入根键后根式沉井的侧阻力占总承载力的比例增大,端阻力所占比例相应减小。

根键与土体共同作用产生的土反力可大幅提高基础承载性能。根式沉井设计合理、安全可靠、经济节约、承载力高,可作为新的基础形式应用于工程实际。根键的布置方式对承载性状有很大影响。

3)望东长江大桥根式基础竖向静载试验

该桥根式基础竖向静荷载试验如图 3-104、图 3-105 所示。

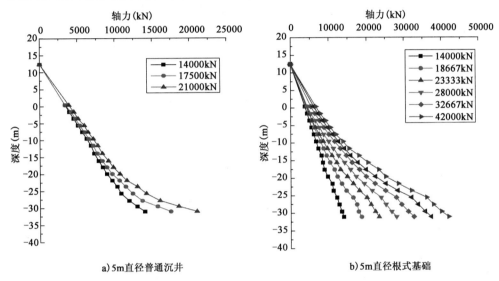

图 3-104　轴力与深度关系曲线

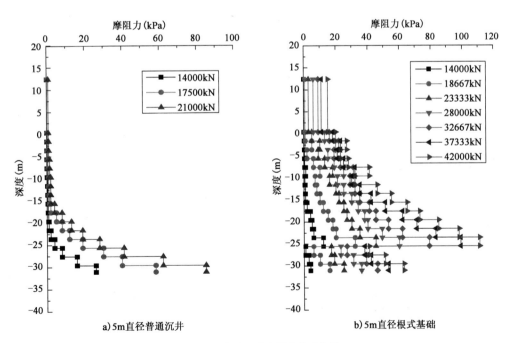

图 3-105　侧摩阻力与深度关系曲线

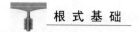

根键分担了很大一部分极限荷载,对承载力的提高做出巨大的贡献,作用效果十分明显。

对于顶入根键后的根式基础,把根键所受的合力(包括侧摩阻力和端阻力)当作侧摩阻力来考虑,得到各层土井侧摩阻力。

随着外荷载的不断增加,各层土体的摩阻力也逐渐增加,而且靠近荷载箱位置处的土层摩阻力率先发挥作用,然后远端土体的侧摩阻力才逐渐发挥,并随着井身与土体的相对位移的增大而增大。相比于普通沉井的侧摩阻力分布曲线,根式基础在最底层的根键处摩阻力发生突变,这是由于靠近荷载箱处的根键发挥了端承作用,与井壁摩阻力相比,根键分担了更大的荷载,因此会突然变大。另外,当上层土体的承载力容许值大于下层的土体,广义的摩阻力(即根键承担的荷载与外壁摩阻力之和)也会适当提高一些。

3.6.2 根式基础水平承载性能现场试验

1)马鞍山长江大桥水平静载试验

该桥水平静载试验如图 3-106 ~ 图 3-110 所示。

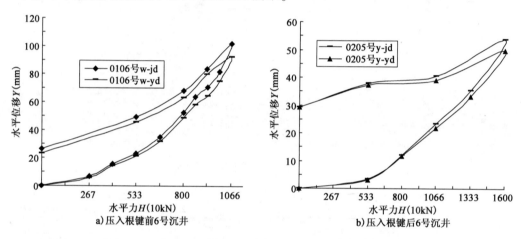

图 3-106 荷载—位移曲线

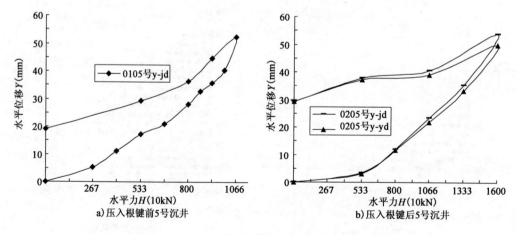

图 3-107 沉井荷载—位移曲线

如图 3-108 及图 3-109 所示,有根键沉井的水平荷载比无根键沉井的水平荷载提高约一倍。

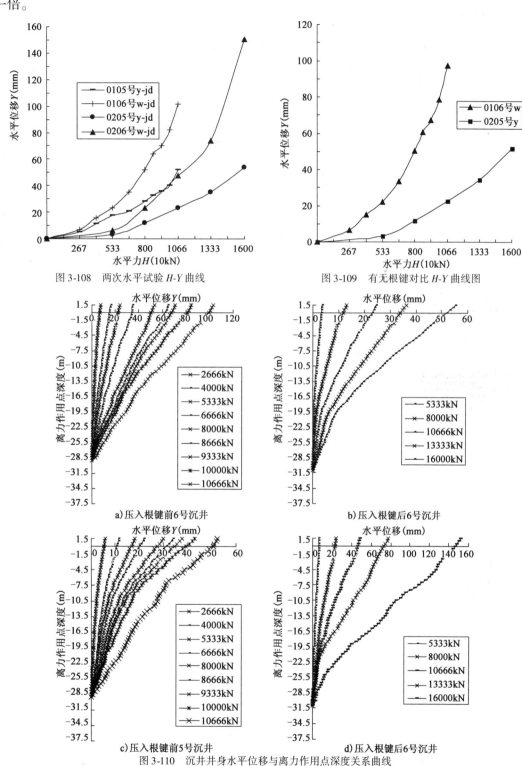

图 3-108　两次水平试验 H-Y 曲线

图 3-109　有无根键对比 H-Y 曲线图

a)压入根键前6号沉井

b)压入根键后6号沉井

c)压入根键前5号沉井

d)压入根键后6号沉井

图 3-110　沉井井身水平位移与离力作用点深度关系曲线

如图 3-110 所示,水平荷载作用下的根式沉井井身呈弹性弯曲。

通过对试验数据进行整理分析,可以得出如下结论:试验中小位移时沉井呈弹性中长桩状态,大位移时呈刚性桩状态;从根式沉井的挠曲线看,小位移时其性状也是呈弹性中长桩状态;压入根键前水平极限承载力为 13333kN,压入根键后根式沉井的水平极限承载力为 16000kN,水平极限承载力提高了 20%。

2)望江东大桥水平静载试验

该桥水平静载试验如图 3-111 ~ 图 3-116 所示。

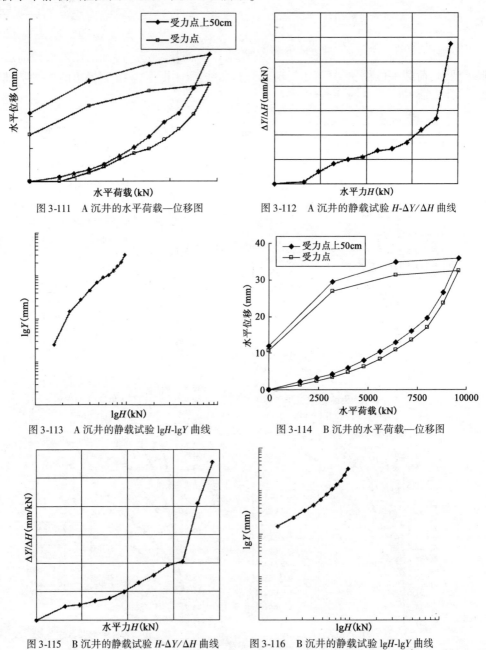

图 3-111 A 沉井的水平荷载—位移图

图 3-112 A 沉井的静载试验 H-$\Delta Y/\Delta H$ 曲线

图 3-113 A 沉井的静载试验 $\lg H$-$\lg Y$ 曲线

图 3-114 B 沉井的水平荷载—位移图

图 3-115 B 沉井的静载试验 H-$\Delta Y/\Delta H$ 曲线

图 3-116 B 沉井的静载试验 $\lg H$-$\lg Y$ 曲线

3.7　本章小结

　　本章依据室内模型、现场模型试验,数值模拟结果,深入分析了根式基础竖向和水平承载机理及荷载传递性状。根据荷载传递法及 Winkler 地基梁理论建立力学模型,计算模型中还考虑了根键的弯曲及重叠折减效应,选取线弹性模型和非线性双曲线模型作为荷载传递函数;以 m 法为基础,并利用荷载传递法推导了根式沉井水平位移与内力分布计算方程,将根键平动与转动时产生的土反力作为附加节点力叠加到根键节点上,推导竖向和水平荷载作用下根式基础竖向承载力和位移计算方法。

　　通过对比模型试验、数值模拟、现场载荷试验、简化计算公式得到的压入根键前后基础的极限承载力、荷载—位移曲线、弯矩及剪力分布曲线等结果,验证了所提出的根式基础理论和计算方法的合理性。

第4章 根式基础新型施工设备

4.1 概 述

根式基础桩为普通摩擦桩向周边生根,充分调动了基础周边土体的承载潜力,使得基础底部得以"卸载",形成的一种仿生基础,从而增大桩基础承载力及抗拔能力。依据根键顶进在施工工艺中的顺序不同,可将根式桩分为两种形式:①钻孔根式灌注桩;②沉井根式桩。

(1)钻孔根式灌注桩。普通钻孔桩的钢筋笼上留有根键预留孔,将预制的根键穿过钢筋笼预留孔使其大部分顶进到孔壁,小部分留在孔中与桩体浇筑在一体形成的一种仿生基础。

(2)沉井根式桩。是在沉井井壁预留顶推孔,待沉井下沉到设计标高后,将预制好的根键顶入孔壁,在保证根键与沉井固结后形成的一种仿生基础。

在泥浆水下隐蔽工程中,根式桩的根键顶进应安全、准确、高效,并对根键顶进过程中的顶进情况进行实时检测,为此,设计研发了下列高效率、高精度、机械化、自动化的根键顶进装备。

4.2 小直径自平衡根键顶进装备

小直径自平衡根键顶进装备(图4-1)主要应用于3m及3m以下桩径的根式钻孔灌注桩。

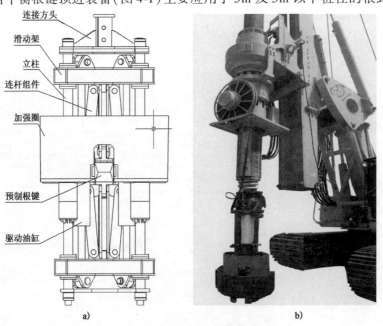

a)　　　　　　　　　　　b)

图4-1 小直径自平衡根键顶进装备

单次顶进4根根键,相互作为支撑反力形成自身平衡。主要组成:主机选用220-360型旋挖钻机,为根键顶进输入液压动力及控制信号的RMXT60过油体,液压控制系统,根键顶进检测及显示系统,RMD-4A系列小直径自平衡根键顶进装置。

RMD-4A系列小直径自平衡根键顶进装置通过销轴快速和旋挖钻机钻杆相连,通过旋挖钻机钻杆将RMD-4A系列小直径自平衡根键顶进装置下放至目标深度,通过小直径自平衡顶进装备外加的检测系统调节RMD-4A系列小直径自平衡根键顶进装置中的预制根键与钢筋笼预留孔精确对中。操作人员在驾驶室内操作动作按钮通过RMXT60回转体将液压动力及控制信号输送至井下工作的RMD-4A系列小直径自平衡根键顶进装置。通过驾驶室内的显示器可观察到井下根键顶进的实时情况。

RMD-4A系列小直径自平衡根键顶进装置基本构造、工作原理、基本参数如下。

(1)基本构造。主要由连接方头、滑动架、立柱、连杆组件、加强圈、驱动油缸、预制根键组成。

(2)工作原理。驱动油缸带动滑动架以立柱为导向滑动,当滑动架向下运动时,推动连杆机构收缩,通过连杆机构推动加强圈中的滑块水平运动来实现根键的顶进。

(3)基本参数(表4-1)。

小直径自平衡根键顶进设备基本参数　　　　　表4-1

型　　号	顶进行程（mm）	根键形式	适用桩径（m）	根键最大尺寸（mm×mm×mm）
RMD150-4A	460	截面正方形	$\phi 1.5 \sim 1.7$	$150 \times 150 \times 590$
RMD180-4A	520	截面正方形	$\phi 1.8 \sim 2$	$150 \times 150 \times 750$
RMD250-4A	800	截面十字形	$\phi 2.5 \sim 3$	$300 \times 300 \times 1000$

4.3 大直径自平衡顶进装备

大直径自平衡根键顶进装备主要应用于4m及4m以上桩径根式钻孔灌注桩,单次顶进2根根键,2根根键相互作为支撑反力形成自身受力平衡。大直径自平衡顶进装备(图4-2)主机采用RMDQ400大直径根键顶进专属设备、为根键顶进输送液压动力及控制信号的RMXT70回转体,液压控制系统,根键顶进过程实时检测及显示系统,RMD500-565-2C大直径自平衡根键顶进装置。

4.3.1 基本构造

1)RMDQ400可行走智能化施工平台基本构造

RMDQ400可行走智能化施工平台为大直径根键顶进施工专门研发,主要应用于3m以上桩径的根式钻孔灌注桩和根式沉井的根键顶进施工,具有下放深度精确定位、转动角度精确显示、平台

图4-2 大直径自平衡顶进装备

自我调平调垂、转动同时为井下工作装置输送液压动力及控制信号等功能。可行走智能化施工平台构造如图4-3所示。

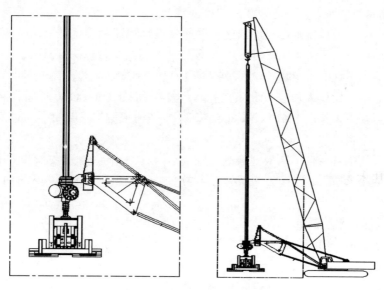

图4-3 可行走智能化施工平台构造图

2）RMXT70 回转体

RMXT70 回转体安装在 RMDQ400 大直径根键顶进专属设备智能平台下方,在井下作业的 RMD500-565-2C 大直径自平衡根键顶进装置转动的同时,为其传输液压动力及控制信号。

3）RMD500-565-2C 大直径自平衡根键顶进装置基本构造

RMD500-565-2C 大直径自平衡根键顶进装置由基础框架、底座、滑动体组件、竖直油缸、托板组件、预制根键主要部件组成(图4-4),滑动体组件安装三组水平油缸,油缸中装有位移传感器。

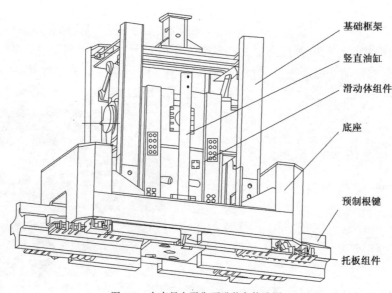

图4-4 大直径自平衡顶进装备构造图

4.3.2　工作原理

将组装好的大直径自平衡根键顶进装备在井口与目标层钢筋笼预留孔基本对准,RM-DQ400 大直径根键顶进专属设备将 RMD500-565-2C 大直径自平衡根键顶进装置精确下放至目标深度,通过大直径自平衡根键顶进装备自带的检测系统调节 RMD500-565-2C 大直径自平衡根键顶进装置中的预制根键与钢筋笼预留孔精确对中。操作人员只需在驾驶室内操作动作按钮,通过 RMXT70 回转体将液压动力及控制信号输送到井下工作的 RMD500-565-2C 大直径自平衡根键顶进装置。通过驾驶室内的显示器可实时观察到井下根键顶进情况。

4.3.3　基本参数

1)RMDQ400 大直径根键顶进专属设备

①适用桩径:$\phi 3 \sim 6m$;

②下放深度:小于或等于50m;

③旋转角度:360°。

2)RMD500-565-2C 大直径自平衡根键顶进装置

①适用桩径:$\phi 4 \sim 5m$;

②适用根键形式:十字形混凝土根键、方形钢根键、圆形钢根键;

③适用最大根键尺寸:800mm × 800mm × 180mm;

④最大顶推力:5650kN。

4.4　大直径非对称顶进装备

大直径非对称顶进装备用于沉井根式桩,单次顶进一根根键,浇筑后的混凝土孔壁作为设备的反力支撑。主机、液压控制系统、根键顶进实时检测系统以及为井下根键顶进输送液压动力及控制信号的回转体与大直径自平衡根键顶进装备匹配,根据工矿需求,设计研发了RMD300-241-1C 根键顶进设备。

RMD300-241-1C 根键顶进设备:

(1)基本构造

RMD300-241-1C 根键顶进设备主要由连接方头、支撑框架、两组油缸、预制根键组成(图4-5)。

(2)工作原理

参照大直径自平衡根键顶进装备工作原理,将 RMD300-241-1C 根键顶进设备下放至目标深度,操作人员只需在驾驶室内操作动作按钮通过 RMXT70 回转体将液压动力及控制信号输送到井下工作的 RMD300-241-1C 根键顶进设备,油缸 1 伸出时推动油缸 2 和预制根键同步向外伸出,油缸 1 顶进完成后油缸 2 继续顶推预制根键。通过驾驶室内的显示器可实时观察到井下根键顶进情况。

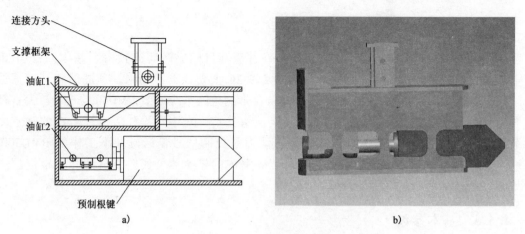

连接方头

支撑框架

油缸1

油缸2

预制根键

a)

b)

图4-5　RMD300-241-1C根键顶进设备构造及效果图

（3）基本参数

①适用桩径：$\phi 3 \sim 5\mathrm{m}$；

②适用根键形式：十字形混凝土根键、方形钢根键、圆形钢根键；

③适用最大根键尺寸：$800\mathrm{mm} \times 800\mathrm{mm} \times 1200\mathrm{mm}$；

④最大顶推力：2410kN。

第5章 根式基础承载力测试方法

5.1 概　　述

　　根式基础是在传统深基础的基础上,采用生物仿真思想,基础侧壁安装许多小型根键以达到提高承载力的作用。根键提高承载力的原理主要是:根键在顶入过程中对土体产生挤密预压作用,顶入后根键的表面增大了基础与土的接触面积,底面和侧面的土可分别对其产生端阻力和侧摩阻力,因此相对于同直径的常规深基础,根式基础可大幅提高水平向和竖向承载力;而且对具有相同承载力的常规深基础而言,根式基础可做到直径更小,十分有利于基础的施工与下沉,并显著降低工程建造费用。某工程根式基础构造见图5-1。

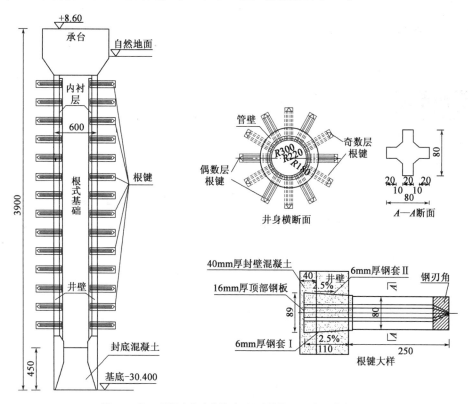

图5-1　某工程根式基础的构造(尺寸单位:cm;高程单位:m)

　　静载方法常被用来确定单桩竖向抗压极限承载力,而单桩竖向抗压极限承载力是设计的重要依据。通过现场静载试验,可得到试桩的荷载沉降曲线即 *Q-s* 曲线。当桩底和桩身埋设有应力、应变测试元件时,可直接测定桩周各土层的极限侧阻力、极限端阻力以及桩端的残余变形等参数,进而研究桩的设置方式、地层剖面、土的类别等因素对单桩荷载传递规律的影响,以及桩端阻力与其上侧摩阻力的相互作用。利用传统静载试验还可对工程桩的承载力进行抽样检验和评价。传统的桩基荷载试验方法有两种,一是堆载法,二是锚桩法。这两种方法都是采用油压千斤顶在桩顶施加荷载。堆载法千斤顶的反力,通过反力架上的堆重与之平衡;锚桩法通过反力架将反力传给锚桩,与锚桩的抗拔力平衡。

但由于根式基础的结构特点和承载力特点,场地环境、施工工艺较复杂,且加载吨位很大,对于传统静载方法而言,实现起来十分困难。其中,采用堆载法必须解决几千吨甚至上万吨的荷载来源、堆放及运输问题,锚桩法必须额外设置多根锚桩及反力大梁,不仅所需费用昂贵,时间较长,而且易受吨位和场地条件的限制(堆载法目前国内试桩最大极限承载力仅达40000kN,锚桩法的试桩最大极限承载力也不超过50000kN)。由于根式基础承载力计算值高达万吨,如采用传统方法进行根式基础测试,根式基础承载力往往得不到准确数据,其潜力不能合理发挥。

综上所述,如何有效检测根式基础桩基承载力是一大难题。为此,研究团队提出大吨位自平衡检测法、自平衡与传统堆载联合测试法来对比检测根式基础的极限承载力,并依托建设工程来验证根式基础及测试方法的可靠性。

5.2 大吨位自平衡检测法

自平衡试桩法是接近于竖向抗压(拔)桩的实际工作条件的试验方法。把一种特制的加载装置——荷载箱,预先放置在桩身指定位置,将荷载箱的高压油管和位移杆引到地面(平台)。由高压油泵在地面(平台)向荷载箱充油加载,荷载箱将力传递到桩身,其上部桩极限侧摩阻力及自重与下部桩极限侧摩阻力及极限端阻力相平衡来维持加载,从而获得桩的承载力。其测试原理见图5-2。

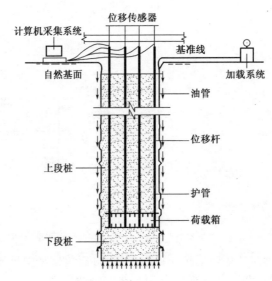

图5-2 自平衡试桩法示意图

试验时,在地面上通过油泵加压,随着压力增加,荷载箱将同时向上、向下发生变位,促使桩侧阻力及桩端阻力的发挥。由于加载装置简单,多根桩可同时进行测试。东南大学土木工程学院开发了测桩软件,可同时对多根桩测试数据进行处理。

在根式基础中使用该测试方法有以下几个特点:

(1)当处于有水环境时,设置传统的堆载平台或锚桩反力架特别困难或成本特别大,采用自平衡法装置较简单,不占用场地,不需运入数百吨或数千吨物料,不需构筑笨重的反力架或锚桩,可对单根桩反复测试,试桩准备工作省时、省力、安全;土体稳定即可测试,一般15d左右(与土的种类有关:砂土7d,粉土10d,非饱和黏土15d,饱和黏土25d;对后注浆桩,按规范规定,注浆后不少于20d),并可多根桩同时测试,大大节省测试时间;没有堆载,也不要笨重的反力架,检测十分简单、方便、安全、无污染。

(2)该法利用桩的侧阻与端阻互为反力,因而可清楚分出侧阻力与端阻力分布和各自的荷载—位移曲线;既可用于抗压也可用于抗拔静载检测,特殊情况(自平衡点位于桩端)可同时测得同一根桩的抗压和抗拔承载力。

如马鞍山长江大桥工程中的根式沉井基础的预估极限承载力高达200000kN,直径达6m,传统的试桩方法加载能力很难实现。如采用自平衡法进行处理,可取得良好的效果。

然而,自平衡检测技术运用于根式基础中,当尺寸过大时荷载箱无法解决运输困难的问题。马鞍山长江大桥根式基础直径达6m,望东长江大桥和池州大桥中根式基础直径达5m,相应的荷载箱尺寸也同桩径,公路运输无法实现,根据工程需要及本工程的重要性,对加载设备——荷载箱进行了特殊研制,首次提出现场拼装荷载箱方案。6m外径根式基础所用荷载箱见图5-3。

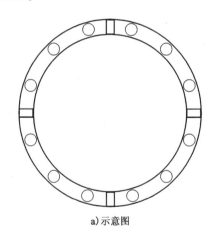

a)示意图   b)实物图

图5-3 6m外径根式基础所用荷载箱

在淮河特大桥工程中,桥梁基础采用根式沉井基础,其设计深度为26.0m(包括承台高度),采用外径为8.0m的空心钢筋混凝土圆形沉井,壁厚0.8m,根键封壁厚0.4m,封底厚2.0m。为解决运输问题,8m外径根式基础采用的荷载箱由16个千斤顶组成,2个为一组,采用联动技术保证千斤顶同时发力。荷载箱有效行程为25cm。为保证荷载箱上、下盖板有足够大的刚度,在上、下盖板上特别设置支撑钢筋。同时,为了防止沉井在下沉过程中及下沉到位以后水土不通过荷载箱涌入井内,荷载箱外围用厚钢板做成内外护套分别与荷载箱上、下盖板焊接。

解决自平衡法现场拼装及连动技术对根式基础的竖向承载力确定具有重要意义。

5.3 自平衡与传统堆载联合检测法

当根式基础的吨位过大、自平衡法检测中上段桩无法提供足够的反力使下端桩桩端承载力充分发挥时,采用自平衡法与传统堆载联合测试法可很好地解决这一问题。其主要思路是在桩底部埋设荷载箱、桩顶实施堆载,先使荷载箱加载使桩体上下段相互脱开,再采用堆载法将上段桩重新压回与下端桩接触,这样不但能使下端桩桩侧及桩端阻力充分发挥,还可准确测得上段桩的侧摩阻力发挥情况,最终充分测得桩的极限竖向承载力等结果。自平衡与传统堆载联合测试见图5-4。

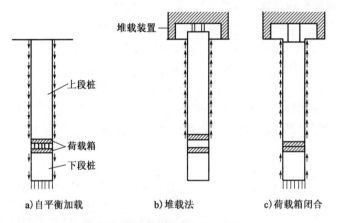

a) 自平衡加载　　　　b) 堆载法　　　　c) 荷载箱闭合

图5-4　自平衡与传统堆载联合测试示意图

5.4 根式基础承载力检测试验

5.4.1 马鞍山长江公路大桥

以马鞍山长江公路大桥为背景进行了根式基础。由于索桥锚碇基础是悬索桥的重要结构,根据工程需要及研究要求,对该工程江心洲引桥区的1个根式基础(F号基础)采用自平衡法进行两次竖向承载力静载试验(压入根键前、后各测一次),根式基础参数见表5-1。对该工程江心洲引桥区的2个根式基础(E号、F号基础)进行两次水平向承载力静载试验(压根键前、后),其结构形式的选择合适与否对整个工程的实施有重要意义。

根式基础参数一览表　　　　　　　　　表5-1

基 础 编 号	外壁直径(m)	高度(m)	根键长度(mm)	加载预估值(kN)
F 号	6.0	47.0	3600	2×100000

主要工程岩土技术参数如表 5-2 所示。

工程岩土技术参数　　　　　　　　　　　　　表 5-2

层　号	岩土名称	状　态	容许承载力 $[\sigma_0]$（kPa）	钻孔桩周土极限摩阻力 τ_i（kPa）	建议极限抗压强度 R_a（MPa）
①$_1$	填筑土				
①$_2$	种植土				
②$_{2-1}$	黏土	硬塑	240	50	
②$_{2-2}$	黏土	软塑	120	30	
②$_{3-1}$	亚黏土	硬塑	200	50	
②$_{3-2}$	亚黏土	软塑	120	30	
②$_4$	粉砂	松散	90	25	
③$_{1-2}$	淤泥质亚黏土	流塑	85	20	
③$_{2-1}$	黏土	硬塑	280	50	
③$_{3-1}$	亚黏土	硬塑	290	55	
③$_{3-2}$	亚黏土	流塑～软塑	140	35	
③$_4$	粉砂		100	35	
③$_5$	细砂		200	40	
③$_{5-1}$	粉砂		100	35	
③$_{5-2}$	中砂	中密	350	40	
③$_6$	中砂		350	50	
③$_7$	粗砂		400	80	
③$_9$	圆砾土	密实	600	130	
④$_1$	圆砾土	密实	600	130	
④$_{1-1}$	细砂	密实	300	50	
④$_2$	亚黏土	硬塑	380	75	
⑤$_1^{W3}$	强风化闪长玢岩		500	100	
⑤$_1^{W2}$	弱风化闪长玢岩		1300	250	
⑤$_1^{W1}$	微风化闪长玢岩				80
⑤$_{1-2}$	微风化破碎闪长玢岩		1300	300	
⑤$_2^{W3}$	强风化闪长岩		500	100	
⑤$_2^{W2}$	弱风化闪长岩		1300	300	
⑤$_2^{W1}$	微风化闪长岩				140
⑤$_3^{W3}$	强风化二长岩		500	100	
⑤$_3^{W2}$	弱风化二长岩		1300	300	

层　号	岩土名称	状　态	容许承载力 $[\sigma_0]$(kPa)	钻孔桩周土极限摩阻力 τ_i(kPa)	建议极限抗压强度 R_a(MPa)
⑤$_3^{W1}$	微风化二长岩				80
⑥$_1^{W3}$	强风化砂质泥岩		450	90	
⑥$_1^{W2}$	弱风化砂质泥岩		500	150	
⑥$_1^{W1}$	微风化砂质泥岩		800		8
⑥$_{1-2}$	微风化破碎砂质泥岩		500	180	
⑥$_2^{W3}$	强风化泥质粉砂岩		450	100	
⑥$_2^{W2}$	弱风化泥质粉砂岩		600	200	
⑥$_2^{W1}$	微风化泥质粉砂岩		1000		16
⑥$_{2-1}$	破碎泥质粉砂岩		600	150	
⑥$_3^{W3}$	强风化砂岩		450	100	
⑥$_3^{W2}$	弱风化砂岩		1200	250	
⑥$_3^{W1}$	微风化砂岩		1500		40
⑥$_{3-1}$	破碎砂岩		1000	200	

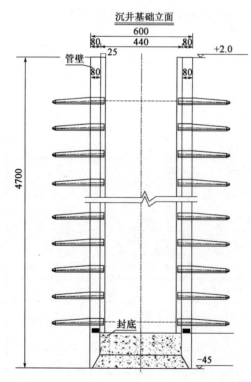

图5-5　6m直径E号和F号根式基础根键分布示意图（尺寸单位:cm）

根式沉井基础的设计深度为47.0m,采用外径为6.0m的空心钢筋混凝土圆管,壁厚0.8m,根键封壁厚0.25m,底部封底厚4.0m,上部封顶承台高3.0m,封顶承台下设置牛腿构造。沉井管壁处布置17层根键,按照梅花形布置,每层沿管壁周边均布6根。F号根式基础所采用的荷载箱由12个千斤顶组成,3个为一组。荷载箱有效行程为25cm,其加载值的率定曲线由计量部门标定。加载时高压油泵的最大加压值为60MPa,加压表精度为每小格0.4MPa。6m直径的根式基根键分布示意图如图5-5所示。6m外径根式基础所用荷载箱见图5-6。

竖向荷载试验现场图片如图5-7～图5-10所示。

2008年10月5日开始F号根式基础压入根键前第一次竖向测试试验,当加载至第10级荷载（2×30000kN）,向上位移出现突变,直至本级位移量大于前一级荷载作用下位移量的5倍停止加载,开始卸载。取前一级加载值计算荷载箱顶板以上基础的极限承载力。

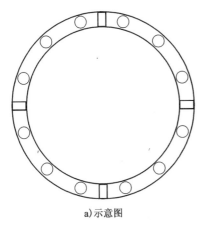

a)示意图

b)实物图

图 5-6　6m 外径根式基础所用荷载箱

图 5-7　电脑及数据自动采集仪

图 5-8　竖向荷载试验量测现场布置图

图 5-9　竖向荷载试验量测现场布置图

图 5-10　竖向荷载试验量测现场布置图

压入根键前当加载至第 10 级(2×30000kN)时,荷载箱向上位移迅速增至,76.20mm,且本级位移量大于前一级荷载作用下位移量的 5 倍。取前一级加载值(27000 kN)计算荷载箱顶板以上基础的极限承载力。荷载箱底板以下基础的极限承载力取压入根键后向下的极限加载值。

荷载箱上部沉井井壁重量为:

$$\pi \times (3^2 - 2.2^2) \times 43 \times 14.5 = 8148(\text{kN})$$

$$Q_u = Q_\text{上} + Q_\text{下} = \frac{27000 - 8148}{0.8} + 90000 = 113565(\text{kN})$$

F 号根式基础压入根键前的极限承载力大于 113565kN。

当加载至第 17 级(2×90000kN)时,荷载箱向上位移迅速增至 112.81mm 且本级位移量大于前一级荷载作用下位移量的 5 倍,荷载箱向下位移 23.63mm。向上取该级加载的前一级加载值为荷载的实际加载值(85000 kN)。向下取第 17 级(90000kN)加载值为荷载的实际加载值。

荷载箱上部沉井井壁重量为:

$$\pi \times (3^2 - 1.95^2) \times 43 \times 14.5 = 10180(\text{kN})$$

井壁外部根键重量为:

$$(0.8 \times 0.2 + 0.6 \times 0.2) \times 2.5 \times 14.5 \times 102 = 1035.3(\text{kN})$$

$$Q_u = Q_\text{上} + Q_\text{下} = \frac{85000 - (10180 + 1035.3)}{1} + 90000 = 73749 + 90000 = 163784(\text{kN})$$

F 号根式基础压入根键后的极限承载力 163784kN。

所得压入根键前和根键后的等效位移—荷载转换曲线如图 5-11 所示。

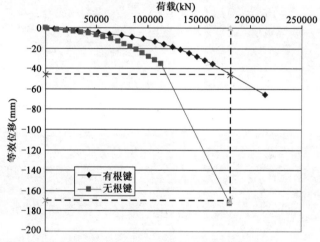

图 5-11　等效位移—荷载转换曲线图

综上所述,通过压入根键后对桩基竖向承载力的测试对比,发现根键对普通桩基承载力提升效果显著,可达 40% 以上。

5.4.2　池州长江公路大桥

安徽省交通控股集团有限公司建设的池州长江公路大桥,其桥型为主跨 600m 的斜拉桥,两岸接线全长 40.33km,长江大桥全长达到 8km。根据地勘报告,长江桥南岸引桥范围工程地质:南岸覆盖层第①~⑧层第四系全新统冲积层(Q_4^{al}),下伏基岩为白垩系下统杨柳湾组(K_1^y)泥质粉砂岩、砂岩和粉砂质泥岩。

试验选取跨长江池州大堤 45 + 3×80 + 45(m) 连续梁桥的 2 根原位根式桩作为试验桩,共设 1 根 ϕ1.6m 根键桩、1 根 ϕ1.8m 根键桩(表 5-3)。由于单纯堆载费用高昂,场地条件难以实现,2 根试验桩均采用自平衡与传统堆载联合测试法进行单桩竖向承载力测试。桥位各地层设计参数见表 5-4。根式基础及应力传感器的布置见图 5-12。

试 桩 参 数 表 5-3

试桩编号	桩径 (m)	桩长 (m)	根键数量	桩顶力 (kN)	单桩容许 承载力 (kN)	估算单桩极限 承载力 (含根键)(kN)	参考 地质孔
ZS8-2	1.6	49	22×4	6409	12118	25552	DZS8
YS10-1	1.8	49	24×4	8859	14223	31080	DZS10

桥位各地层设计参数 表 5-4

层 号	岩土名称	状 态	饱和/天然 抗压强度 R_b (MPa)	承载力 基本容许值[f_{a0}] (kPa)	钻孔桩桩侧 极限摩阻力 q_{ik} (kPa)	水平抗力系数的 比例系数 m (kN/m⁴)
①₁	人工填土	松散		—	—	
②₁	淤泥			65	12	3000
②₂	粉质黏土	软塑		120	25	5000
②₃	粉细砂	松散		90	20	5000
②₄	粉土	松散		90	35	5000
③₁	淤泥质粉质黏土	流塑		85	15	3000
③₂	黏土	可塑		180	60	6000
③₃₋₁	粉质黏土	软塑~可塑		110	40	4000
③₃₋₂	粉质黏土	可塑~硬塑		180	60	7000
③₄	粉土	稍密		100	40	6000
③₅₋₁	粉细砂	松散~稍密		100	35	5000
③₅₋₂	粉细砂	中密		110	40	6000
③₅₋₃	粉细砂	密实		200	60	7000
③₆₋₁	中砂	松散		150	40	10000
③₆₋₂	中砂	中密		370	50	12000
③₆₋₃	中砂	密实		450	60	15000
③₇	粗砂	密实		550	90	22000
③₈	砾砂	密实		550	100	30000
③₉	圆砾	密实		600	120	35000
③₁₀	卵石	密实		1000	220	40000
④₁	粉质黏土	硬塑为主		220	70	20000
④₂	块石土	中密为主		300	120	40000
⑤ᵂ³	强风化基岩	黏性土状		400	100	30000
⑤ᵂ³	强风化基岩	密实砂土状		450	120	35000

层 号	岩土名称	状 态	饱和/天然抗压强度 R_b（MPa）	承载力基本容许值 $[f_{a0}]$（kPa）	钻孔桩桩侧极限摩阻力 q_{ik}（kPa）	水平抗力系数的比例系数 m（kN/m⁴）
⑤$_1^{W2}$	中风化粉砂质泥岩	岩质极软		500	150	
⑤$_2^{W2}$	中风化泥质粉砂岩	岩质极软	2	700		
⑤$_3^{W2}$	中风化砂岩	岩质软	6	900		
⑤$_4^{W2}$	中风化砾岩	岩质软	8	800		
⑥$_1^{W3}$	强风化砂岩	土夹砂状		500	120	
⑥$_1^{W2}$	中风化砂岩	岩质软	9	1200		

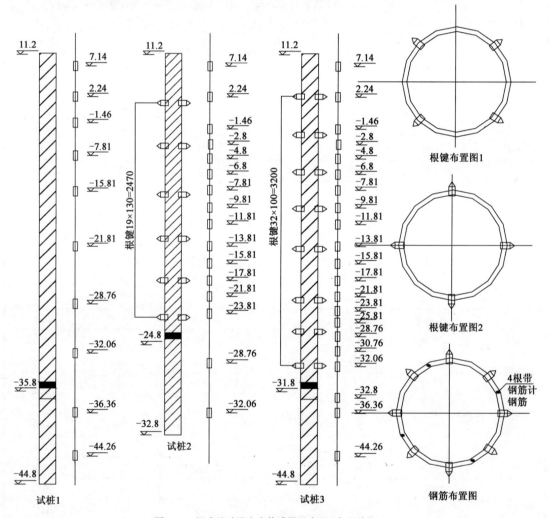

图 5-12　根式基础及应力传感器的布置（高程单位：m）

根键式钻孔桩主要施工步骤为：泥浆护壁钻孔→清孔→下钢筋笼（预留可顶入根键的孔洞）→成对下根键到设计高程→对顶根键，从下往上施工→再次清孔→浇筑桩身混凝土。

此次根键式钻孔桩每层布置 4 个根键,上下根键层交错布置,以尽可能保证根键的正面压力分布范围不重叠或少重叠,试桩的根键平面布置、根键实物及其荷载箱如图 5-13 所示。根键为钢筋混凝土结构,根键混凝土强度为 C30,根键截面应满足抗弯、抗剪和抗扭的截面特性并与桩截面尺寸匹配,SZ-2 试桩的根键尺寸(截面面积×根键长度)为 16mm×16mm×50mm。

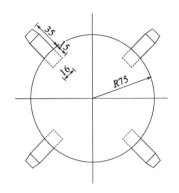

a)根键平面布置及实物　　　　　　　　　　　　b)荷载箱

图 5-13　根键布置及荷载箱(尺寸单位:cm)

试验目的:

(1)确定带根键桩的极限承载力、桩周极限摩阻力、桩端土的极限承载力。

(2)研究根键对竖向承载力的作用效果。

(3)研究根键在不同桩径、不同土层、根键高度以及布置间距等因素影响下,根键的受力特性分析。

(4)获得分级加载与卸载条件下对应的荷载—变形曲线,测定桩基沉降、桩弹性压缩及岩土塑性变形。

每根桩静载试验分 2 次进行加载,第一次采用自平衡法,第二次采用堆载法,具体操作过程如下:

(1)自平衡试验。在试桩最底层根键下方 4m 处埋设一个荷载箱,待桩身混凝土龄期达到测试要求后进行加载,用于量测根键以下段桩的极限承载力(选择在最底层根键下方 4m 处布置荷载箱是防止根键机下放撞击到荷载箱造成机器或荷载箱损伤,荷载箱加载的主要目的是量测根键以下段桩的侧阻力和桩端阻力的总和,同时通过荷载箱加载使得桩身在最底层根键下产生较大位移空隙,为堆载试验创造条件)。

(2)堆载试验。在桩顶部利用反力梁堆载混凝土预制块进行加载,预估 ZS8-2 桩(桩径1.6m)堆载≥13000kN,YS10-1 桩(桩径 1.8 m)堆载≥15000kN。堆载目的用于量测含根键部分桩身侧阻力,同时堆载需把荷载箱加载产生的位移空隙压回到初始状态,试验结束后辅助压浆处理,保证试桩在试验后仍作为工程桩使用。

荷载箱与钢筋笼连接见图 5-14。静载试验见图 5-15。

由两种方法测得的位移—荷载曲线如图 5-16 所示。

可测得桩端阻力与桩身阻力的分担比例,如表 5-5、表 5-6 所示。

图 5-14 荷载箱与钢筋笼连接

图 5-15 静载试验

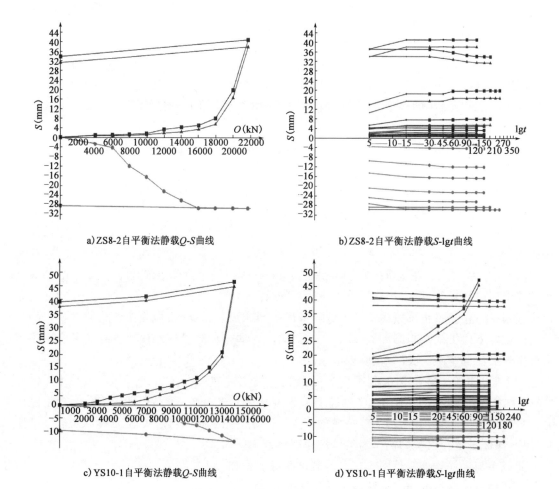

a) ZS8-2自平衡法静载Q-S曲线

b) ZS8-2自平衡法静载S-lgt曲线

c) YS10-1自平衡法静载Q-S曲线

d) YS10-1自平衡法静载S-lgt曲线

图 5-16

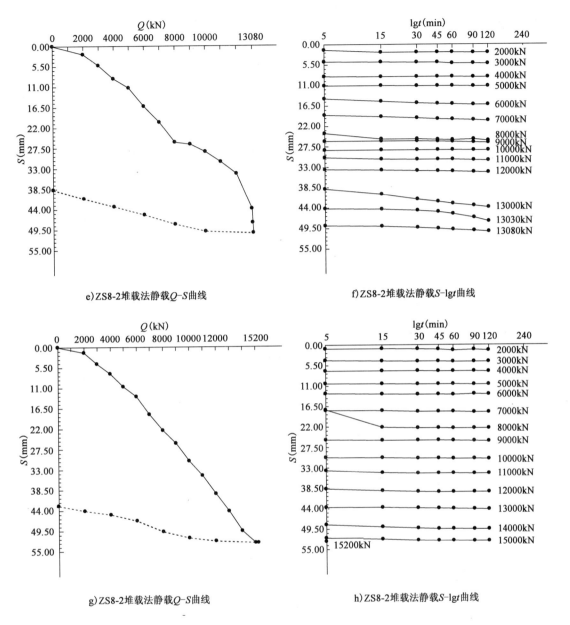

e) ZS8-2堆载法静载Q-S曲线

f) ZS8-2堆载法静载S-lg$t$曲线

g) ZS8-2堆载法静载Q-S曲线

h) ZS8-2堆载法静载S-lg$t$曲线

图5-16 测试结果曲线

各试桩承载力构成(堆载法)

表5-5

桩 号	承载力 (kN)	位移 (mm)	摩 阻 力		端 阻 力	
			数值 (kN)	占总承载力比例 (%)	数值 (kN)	占总承载力比例 (%)
ZS8-2	12000	50.46	12000	100	0	0
YS10-1	15200	52.81	15200	100	0	0

各试桩承载力构成(自平衡法)   表 5-6

桩　号	承载力（kN）	位移（mm）	摩　阻　力		端　阻　力	
			数值（kN）	占总承载力比例（%）	数值（kN）	占总承载力比例（%）
ZS8－2	21837	41.46	10838	49.6	11000	50.3
YS10-1	28146	24.95	14146	50.3	14000	49.7

根据桩身埋深的钢筋计频率的变化,可以推算出试桩桩身的轴力分布情况如图 5-17 所示。

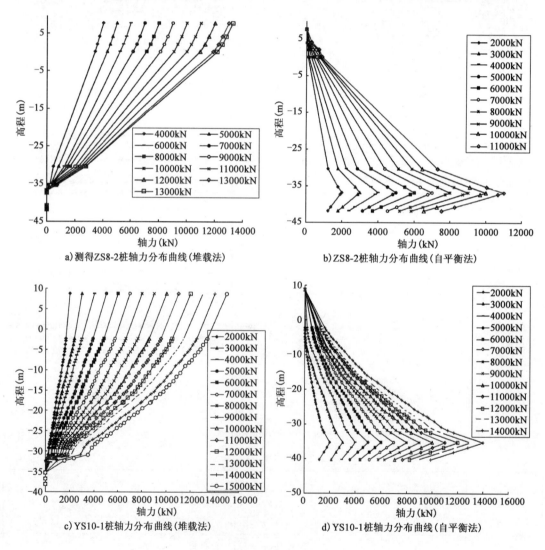

a)测得ZS8-2桩轴力分布曲线(堆载法)

b)ZS8-2桩轴力分布曲线(自平衡法)

c)YS10-1桩轴力分布曲线(堆载法)

d)YS10-1桩轴力分布曲线(自平衡法)

图 5-17　桩身轴力

根据以上轴力值,可推得 YS10-1 桩身侧摩阻力值,如图 5-18 所示。

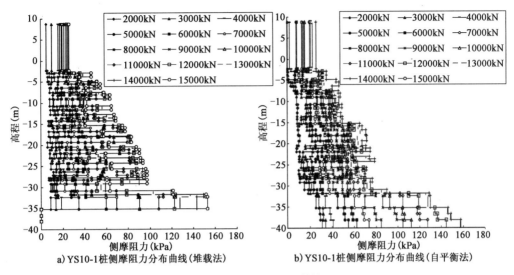

a) YS10-1桩侧摩阻力分布曲线(堆载法) b) YS10-1桩侧摩阻力分布曲线(自平衡法)

图 5-18 侧摩阻力测试结果

5.5 本 章 小 结

综上所述,大吨位自平衡法作为一种新型方法,克服了在狭窄场地、基坑底及超大吨位桩等情况下,传统的静载试验受到场地和加载能力等因素的约束无法进行的问题,具有省时、省力、安全、无污染、综合费用低和不受场地条件、加载吨位限制等优点。目前两种方法研究现状对比如表 5-7 所示。

桩基承载力试验方法对比 表 5-7

方法内容	传统静载法	大吨位自平衡静载法
试验能力	国内外锚桩法一般不超过 45000kN,堆载法不超过 30000kN	决定于具体地质情况,目前国内最大试验荷载达 300000kN,完成了许多特大吨位的基础承载力检测
试验场地	在水中试验,需要设置专门的反力系统	能在水上、斜坡、深基坑底及狭窄场地等恶劣条件下进行静载试验
试验过程	需大量的运输、吊装等笨重、重复的机械作业,费力费时	基本与施工同步,附加工作少,省力省时
可靠性	标准试验法,可靠性高	经检验,可靠性高
安全性	安全性欠佳,可能存在堆重平台坍塌、锚筋断裂等多种安全隐患	安全可靠
检测工期	一般测试一根桩需 2~3d,不能多根桩同时测试,且受天气因素影响大	一般桩身混凝土龄期 15d 即可测试,可以多根桩同时测试,基本不受天气影响,总工期大大缩短
检测数量	除设计有特殊要求外,试验桩的数量应根据地质条件、桩的材质与尺寸、桩尖形式和工程总桩数等确定。当总桩数少于 500 根时,试验桩不应少于 2 根。总桩数每增加 500 根,试验桩宜相应增加 1 根。当地质条件复杂或桩的类型较多时,可按地区性经验相应增加	与传统静载一致

　　由于自平衡方法测试过程向上测试得出负摩擦力,根式基础竖向荷载传递机理用传统的方法研究更合理,故在国内首次提出自平衡法和堆载法联合方法进行检测。该方法创新点在于先使荷载箱加载使桩体上下段相互脱开,再采用堆载法将上段桩重新压回与下端桩接触,能使下端桩桩侧及桩端阻力充分发挥,还可准确测得上段桩的侧摩阻力发挥情况,最终充分测得桩的极限竖向承载力等结果。

　　通过运用大吨位自平衡法、自平衡法和堆载法联合法对根式基础承载力的测试,结果表明根键对普通桩基础承载力的提升有显著影响,可达40%以上。

第6章 工 程 实 例

本章主要介绍根式基础的工程应用情况,给出根式桩基础、根式沉井基础在池州长江公路大桥、马鞍山长江公路大桥的应用案例,具体介绍了根式基础的结构设计、数值模拟分析、简化计算公式的应用及工程试桩结果,并将理论计算结果与现场试桩结果进行比较分析,验证计算公式和数值模拟分析的可靠性,为类似工程根式基础的设计及计算提供参考。

6.1 池州长江公路大桥南岸引桥桩基工程实例

6.1.1 项目概述

池州长江公路大桥属国家高速公路网中德州到上饶高速公路(G3W)的关键节点工程,也是安徽省"四纵八横"高速公路网规划中"纵三"济南—砀山—利辛—桐城—池州—石台—祁门公路跨越长江的关键性工程。全长41.026km,其中长江大桥长5.818km,北岸接线长16.153km,南岸接线长19.055km。工程道路等级为高速公路,按双向四车道设计。

6.1.2 结构介绍

长江大桥南岸引桥设计里程为 K22 +891 ~ K23 +974.5,全长1083.5m。南岸引桥桥跨布置为36 ×30(m),单幅桥宽16.25m,南岸引桥上部结构采用装配式预应力混凝土小箱梁;下部结构:桥墩采用桩柱式桥墩配钻孔灌注根式桩基础,桥台采用肋板式桥台。

长江大桥南岸引桥覆盖层厚度大,厚40.5 ~65.0m,主要为粉质黏土、粉细砂、砾砂、中砂,基桩采用摩擦桩设计,非常适宜采用根式桩基础。

1)地质条件

长江大桥南岸引桥地势相对平坦,覆盖层厚度变化较大,厚40.5 ~65.0m;表层多为种植土,厚度小于0.5m,局部为填土,厚度不均;上部为第四系冲积(Q_4^{al})形成的可塑状粉质黏土,厚2.0 ~4.3m;K22 +561 ~ K23 +350 及 K23 +870 ~ K23 +974m 段粉质黏土之下为流塑状淤泥质粉质黏土,厚2.4 ~10.8m;中部为松散 ~密实状粉细砂,局部分布有透镜体状中 ~砾砂,厚24.7 ~47.2m;底部为密实状卵砾石层,不连续分布,层厚0.9 ~18.0m。基础地质钻孔图见图6-1。

2)结构设计

其中,S10 号墩基础为单排桩,采用2 根直径1.8m 灌注根式桩,桩径1.8m、桩长49m,根键沿桩身从上到下按1.3m 间距布置,每层4 根,交错布置。桩根键长62cm,均采用矩形截面,外轮廓尺寸15cm ×15cm。根键布置如图6-2 所示。

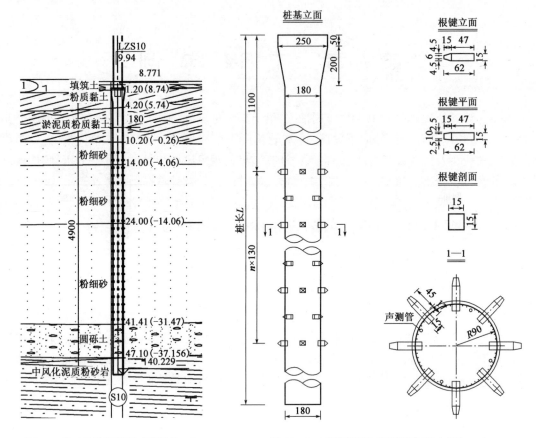

图 6-1　基础地质钻孔图（高程单位：m）　　　图 6-2　S10 号墩基础地质钻孔图（尺寸单位：cm）

6.1.3　竖向承载力计算

结合《根式基础计算规程》（DB 34/T 2157—2014）的相关规定，对根式基础的竖向承载力进行检算。

1）计算荷载

根据上部结构计算，按照公路桥涵的相关规范，计算墩底截面处的反力为：

$$竖向力\ N = 8859\text{kN}$$

桩基础自重按照浮容重考虑，计算基础总重为 674.5kN。

相应基底反力：

$$N_1 = 8859 + 674.5 = 9533.5(\text{kN})$$

2）土层参数

根据各岩土层的工程地质特征及室内试验、原位测试结果，经统计分析，参考《公路桥涵地基与基础设计规范》（JTG D63—2007）相关推荐值，并结合本地同类工程经验，将各岩土层基础设计地质参数建议值分列于表 6-1。

序号	土 层 名 称	土层厚度 （m）	极限摩阻力 q_{ki} （kPa）	承载力基本容许值 （kPa）
1	粉质黏土软塑	3.031	25	120
2	淤泥质粉质黏土	6	−15	120
3	粉细砂松散	3.8	35	150
4	粉细砂中密	10	40	160
5	粉细砂密实	17.41	60	150
6	圆砾	5.69	160	150
7	中风化泥质粉砂岩	3.069	150	150

3）竖向承载力计算

竖向承载力按照规程方法，共分为3个部分：井侧摩阻力和根键侧摩阻力、井底承载力、根键正面承载力。计算公式如下：

$$[R_a] = \frac{1}{2}\left[\pi D\sum_{i=1}^{n}q_{ki}l_i + 2m_g l_g h_g\sum_{j=1}^{n_g}q_{kj}\right] + \frac{\pi D^2 q_r}{4} + m_g b_g l_g n_g\sum_{j=1}^{n_g}q_{rj}$$

式中：$[R_a]$——根式基础竖向受压承载力容许值（kN），基础自重与置换自重（当自重计入浮力时，置换土重也计入浮力）的差值作为荷载考虑；

D——基础主井外直径（m）；

n——土的层数；

l_i——承台底面或局部冲刷线到桩端土层厚度（m），扩孔部分不计；

q_{ki}——与 l_i 对应的各土层与沉井侧壁的摩阻力标准值（kPa），宜采用单井摩阻力试验确定，当无试验条件时按《根式基础计算规程》附录A附表1选用；

q_{kj}——与 l_i 对应的各土层与根键侧面的摩阻力标准值（kPa），宜采用单井摩阻力试验确定，当无试验条件时按《根式基础计算规程》附录A附表2选用；

q_r——基底处土的承载力容许值（kPa），当持力层为砂土、碎石土时，若计算值超过下列值，宜按下列值采用：粉砂1000kPa，细砂1150kPa，中砂、粗砂、砾砂1450kPa，碎石土2750 kPa；

q_{rj}——根键底面土的承载力容许值（kPa），可按 q_r 取值；

n_g——根键层数；

m_g——每层根键的布置数量；

b_g——根键宽度（m）；

l_g——根键长度（m）；

h_g——根键高度（m）；

s_g——相邻层根键之间距离（m）。

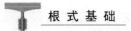

（1）桩侧及根键侧摩阻力及计算

桩侧及根键侧摩阻力为

$$R_1 = \frac{1}{2}\pi D \sum_{i=1}^{n} q_{ki} l_i + m_g l_g h_g \sum_{j=1}^{n_g} q_{kj}$$

桩侧摩阻力计算如表6-2所示。桩直径按照1.8m计算。

桩侧摩阻力计算   表6-2

序号	土层名称	土层厚度（m）	极限摩阻力 q_{ki}（kPa）	桩周长（m）	计算摩阻力（kN）
1	粉质黏土软塑	3.031	25	5.6549	214.25
2	淤泥质粉质黏土	6	−15	5.6549	−254.45
3	粉细砂松散	3.8	35	5.6549	376.05
4	粉细砂中密	10	40	5.6549	1130.95
5	粉细砂密实	17.41	60	5.6549	2953.55
6	圆砾	5.69	160	5.6549	2574.1
7	中风化泥质粉砂岩	3.069	150	5.6549	1301.6
合计		49	—	—	8296.1

根键侧摩阻力计算如表6-3所示。其中，根键层号按照从上到下排列。根键截面为矩形，计算侧摩阻力考虑截面的两个侧边（一侧高0.15m，即公式中 $h_g = 0.15$m）；基桩根键顶入土的深度为45cm，即公式中 $l_g = 0.45$m，每层根据数量 $m_g = 4$。

根键侧摩阻力计算   表6-3

层号	土层名称	极限摩阻力 q_{kj}（kPa）	根键侧面积（m²）	计算摩阻力（kN）
1	粉细砂松散	35	0.54	9.45
2	粉细砂松散	35	0.54	9.45
3	粉细砂中密	40	0.54	10.8
4	粉细砂中密	40	0.54	10.8
5	粉细砂中密	40	0.54	10.8
6	粉细砂中密	40	0.54	10.8
7	粉细砂中密	40	0.54	10.8
8	粉细砂中密	40	0.54	10.8
9	粉细砂中密	40	0.54	10.8
10	粉细砂中密	40	0.54	10.8
11	粉细砂密实	60	0.54	16.2

层号	土层名称	极限摩阻力 q_{kj}(kPa)	根键侧面积(m²)	计算摩阻力(kN)
12	粉细砂密实	60	0.54	16.2
13	粉细砂密实	60	0.54	16.2
14	粉细砂密实	60	0.54	16.2
15	粉细砂密实	60	0.54	16.2
16	粉细砂密实	60	0.54	16.2
17	粉细砂密实	60	0.54	16.2
18	粉细砂密实	60	0.54	16.2
19	粉细砂密实	60	0.54	16.2
20	粉细砂密实	60	0.54	16.2
21	粉细砂密实	60	0.54	16.2
22	粉细砂密实	60	0.54	16.2
23	粉细砂密实	60	0.54	16.2
合计		—	—	315.9

合计桩基侧及根键侧摩阻力为：

$$R_1 = 8296.1 + 315.9 = 8612.0(\text{kN})$$

（2）桩基底承载力计算

桩基底承载力 $R_2 = \dfrac{\pi D^2 q_r}{4}$

其中：$q_r = m_o \lambda \left[[f_{aj}] + k_2 \gamma_2 (h_j - 3) \right]$

$$= 0.8 \times 0.85 \times [700 + 4 \times 11 \times (40 - 3)] = 1583.0(\text{kPa})$$

$$R_2 = 3.14 \times 0.9 \times 0.9 \times 1583.0 = 3319.6(\text{kN})$$

（3）根键正面承载力计算

根键正面承载力

$$R_3 = m_g b_g l_g n_g \sum_{j=1}^{n_g} q_{rj}$$

由于

$$\frac{s_g}{h_g} = \frac{130}{15} = 8.67 > 6$$

故根键正面承载力计算的相互影响系数 n_g 取 1。

各层根据正面承载力计算结果如表 6-4 所示。其中正面承载力容许值按照井底 q_r 采用相同的修正公式。根键正面积考虑了根键之间的影响系数。根键侧摩阻力计算见表 6-4。

根键侧摩阻力计算
表6-4

层号	土层名称	承载力基本容许值（kPa）	正面承载力容许值 q_{ij}（kPa）	根键正面积（m²）	计算承载力（kN）
1	粉细砂松散	100	116.5	0.133	29.64
2	粉细砂松散	100	126.3	0.133	32.12
3	粉细砂中密	110	168.4	0.133	43.02
4	粉细砂中密	110	181.6	0.133	46.27
5	粉细砂中密	110	194.7	0.133	49.71
6	粉细砂中密	110	207.8	0.133	52.96
7	粉细砂中密	110	220.9	0.133	56.41
8	粉细砂中密	110	234.0	0.133	59.66
9	粉细砂中密	110	247.1	0.133	63.10
10	粉细砂中密	110	260.2	0.133	66.35
11	粉细砂密实	200	406.0	0.133	103.44
12	粉细砂密实	200	424.2	0.133	108.22
13	粉细砂密实	200	442.4	0.133	112.81
14	粉细砂密实	200	460.6	0.133	117.40
15	粉细砂密实	200	478.8	0.133	122.18
16	粉细砂密实	200	497.0	0.133	126.77
17	粉细砂密实	200	515.2	0.133	131.36
18	粉细砂密实	200	533.4	0.133	135.95
19	粉细砂密实	200	551.6	0.133	140.73
20	粉细砂密实	200	569.8	0.133	145.32
21	粉细砂密实	200	602.0	0.133	153.54
22	粉细砂密实	200	639.4	0.133	163.10
23	粉细砂密实	200	677.9	0.133	172.85
合计					2232.70

（4）承载力合计

根式沉井基础总计承载力为：

$$[R_a] = 8612.0 + 4028.3 + 2232.70 = 14873.0(kN)$$

计算的竖向设计荷载：9533.5kN

计算承载力14873.0kN＞竖向设计荷载9533.5kN，计算承载力满足要求。

6.1.4 有限元分析

本节使用FLAC3D分析池州S10根式基础竖向承载力，并与现场试桩试验结果、理论计算结果进行比较分析,对根式基础的建模过程、结构单元设置、试桩过程模拟等方面进行描述,读者可以从本章的实例中学习到根式工程的计算方法和分析思路。

采用 FLAC/FLAC3D 进行数值模拟求解,在进行模拟加载前需完成以下三个基本步骤,即有限差分网格、本构关系和材料特性、边界条件设置。网格用来定义分析模型的几何形状;本构关系和与之对应的材料特性用来表征模型在外力作用下的力学响应特性;边界和初始条件则用来定义模型的初始状态(即边界条件发生变化或者受到扰动之前,模型所处的状态)。

在定义完这些条件之后,即可进行求解获得模型的初始状态;接着,执行施加荷载的模拟,进而求解获得模型对荷载作出的响应。图 6-3 给出数值模拟求解流程。后文将按照上述计算步骤,逐步介绍针对根式基础的建模及计算过程。

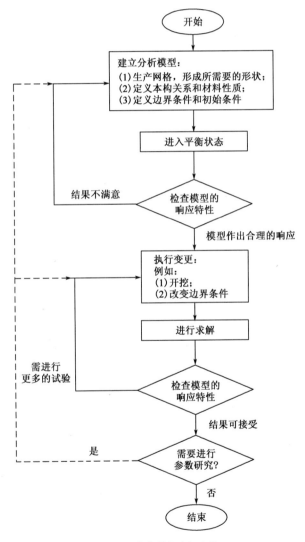

图 6-3 数值模拟求解流程

1)计算模型建立及参数设置

(1)有限元网格单元建立

尽管采用 FLAC3D 内置网格生成器配合 FISH 语言可以生成一些较为复杂形状的网格,但对于根式基础而言,这种建模方式生成网格的较烦琐;而其他一些有限元软件(如 AutoCAD、Ansys)在网格建立方面具有较大的优势,通过布尔加、减操作实现复杂几何模型的建立,然后再进行模型离散化并最终建立网格。同时考虑,无论是有限元软件还是专业建模软件所建立的网格都能以节点、单元和组的数据格式输出,为辅助软件网格导入 FLAC3D 中提供了可能。在根式基础建模过程中考虑采用 AutoCAD、Ansys 及相应的 ANSYS-TO-FLAC3D 程序进行根式有限元网格单元的建立,具体过程如下:

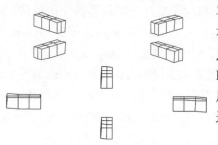

①通过 AutoCAD 建立根键、圆形桩身及土体标准层三维实体模型,如图 6-4 ~ 图 6-6 所示;

图 6-4 AutoCAD 中根键三维模型

②AutoCAD 三维模型导出 * sat 文件;

③Ansys 导入上述 * sat 文件;

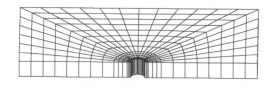

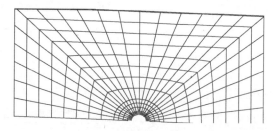

图 6-5 AutoCAD 中基础周围土层三维模型(无根键土层)　图 6-6 AutoCAD 中基础周围土层三维模型(有根键土层)

④在 Ansys 进行单元划分,生成 Ansys 单元;

⑤通过相关 Ansys 命令导出单元节点及单元编号;

⑥通过 ANSYS-TO-FLAC3D 程序导出 FLAC3D 可读取的 * . FLAC3D 节点及单元文件;

⑦通过 FLAC3D 命令 impgrid 命令读入上述生产的 * . FLAC3D 文件,生成根式基础根键、基础及土层标准层有限元模型。

通过上述步骤,导入 FLAC3D 中的根式基础根键、圆形桩身、土体标准层,如图 6-7 ~ 图6-10 所示。

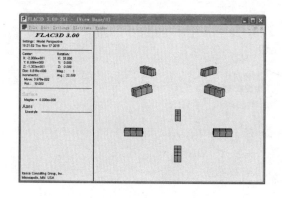

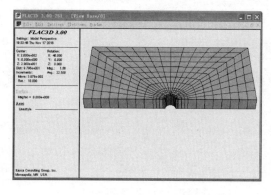

图 6-7 FLAC3D 中根键三维模型　　　　　　图 6-8 FLAC3D 中基础周围土体三维模型(无根键土层)

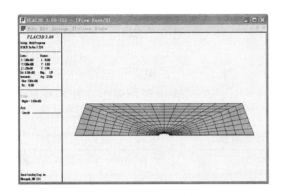

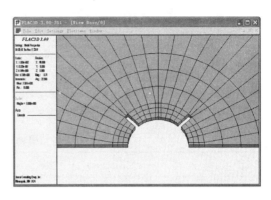

图 6-9　FLAC3D 中基础周围土体三维模型
（有根键土层）

图 6-10　FLAC3D 中基础周围土体三维模型
（有根键土层，局部大样）

根式基础及周围土体模型，考虑基础对称性，仅考虑 1/2 根式基础及土体。土层平面建模范围取桩四周 15m，土层厚度建模范围至桩底以下 30m。

通过上述过程生产根式基础模板单元后，复制模板单元生产完整的根式基础、完整的周围土体。圆形桩身和根键组合生成根式基础，各层土组合生成完整土层模型，组合后模型如图 6-11～图 6-13 所示。

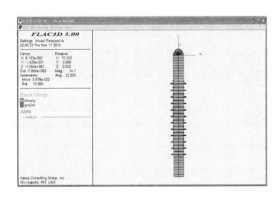

图 6-11　根式基础整体模型

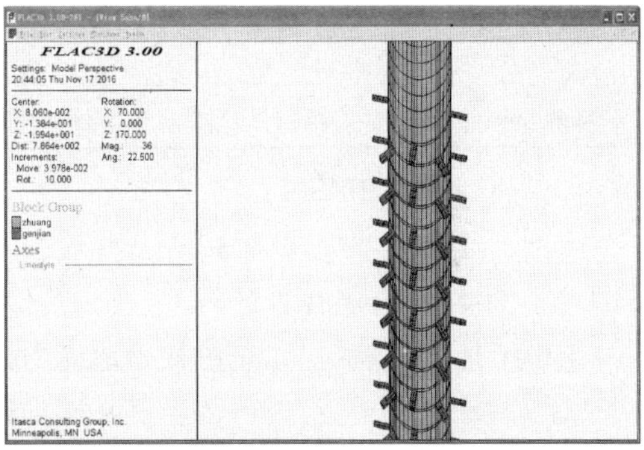

图 6-12　根键模型

（2）边界条件

在此分析中，过桩轴线的一个垂直面是对称面，模型的网格划分如图 6-13 所示。FLAC3D 模型的坐标轴原点位于桩顶，Z 轴平行于轴线，方向以向上为正。模型的顶部 $Z=0$，是一个自由面；模型的底部，$Z=-79m$ 固定于 Z 方向；$x=\pm15$，$y=0$，$y=15$ 处模型侧面上施加滚支边界条件（即只限制法向位移）。

（3）本构模型及材料参数

数值模拟计算中，土体的材料单元设置为

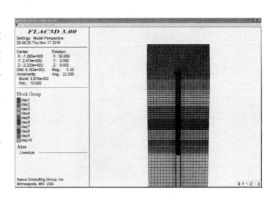

图 6-13　桩身周围土体模型

Mohr-Coulomb 模型,根式基础钢筋混凝土等材料结构单元设置为各向同性弹性模型。同时与现场测量仪器埋设的位置相对应设置了具有代表性的沉降和应力监测特征点,数值模拟试桩加载过程,得到桩基础位移及桩身应力变化。

与现场地质相对应,土体从上至下依次划分为粉质黏土软塑、淤泥质粉质黏土、粉细砂松散、粉细砂中密、粉细砂密实、圆砾、中风化泥质粉砂岩,相应的各土层物理力学性能指标见表 6-5。混凝土桩物理力学性能参数见表 6-6。

各土层物理力学性能指标 表 6-5

序号	土层名称	土层厚度(m)	密度(g/cm³)	黏聚力 c(kPa)	内摩擦角(°)	回弹模量 E_{Ri}(kPa)
1	粉质黏土软塑	3.031	18.6	13.2	5.9	4360
2	淤泥质粉质黏土	6	19.8	13.8	6.7	3660
3	粉细砂松散	3.8	21	6	28	16000
4	粉细砂中密	10	21	29	16000
5	粉细砂密实	17.41	21	6	30.6	17000
6	圆砾	5.69	21	3	28	20400
7	中风化泥质粉砂岩	3.069	21	3	28	24000

混凝土桩物理力学性能参数 表 6-6

名称	干密度(g/cm³)	弹性模量(GPa)	泊松比(GPa)	体积模量(GPa)	剪切模量(GPa)
混凝土桩	25	25.0	0.20	13.9	10.4

2)试桩过程模拟分析

通过上述有限差分网格、边界条件设置、本构关系和材料特性分析,有限元网格单元建立基本完成,下阶段开展计算分析,主要包括以下步骤:

①模拟地基自然沉降,完成初始地应力模拟;

②与试桩过程对应,进行逐步桩基础加载分析;

③检测桩顶、桩身位移及应力。

(1)初始地应力场的生成

初始地应力场生成的主要目的是为了模拟所关注分析阶段之前土体在重力作用下已存在的土体应力状态。

本章根式基础数值模拟中初始地应力的生产采用弹性求解法,即指将材料的本构模型设置为弹性模型,并将体积模量与剪切模量设置为大值,然后求解生成初始地应力场。同时在 $Z = -2.0$m 处设置一个地下水位,并指定地下水区域土体的湿密度。在达到初步全部土体初始平衡后,模拟桩位置处土体更换为混凝土桩的初始平衡。在平衡状态(包括桩的重量)的竖直应力云图如图 6-14

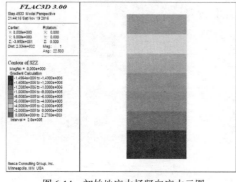

图 6-14 初始地应力场竖向应力云图

所示。

（2）模拟试桩施加桩顶荷载计算过程

在进行桩基础试桩加载前，要将上一步初始应力计算过程中产生的节点位移进行清理处理，即保留初始地应力前提下，土体自然沉降归零。

然后开始进行桩顶逐步加载，为实现均匀加载，本模型采用修改桩顶3m范围内桩密度方式进行加载。

（3）设置检测桩顶、桩身位移及应力

为与试验对应，本模型对桩顶沉降及桩身多点应力进行检测，同时设置最大不平衡力检测作为计算收敛判断条件。

3）计算结果分析

桩顶在14000kN荷载工况下，14000kN荷载工况下桩顶沉降收敛曲线如图6-15所示，桩顶位移收敛曲线如图6-16所示，由图6-15看出，该荷载工况下，桩顶位移最终收敛于40.6mm。

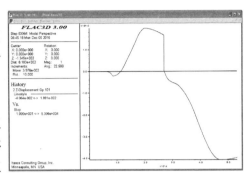

图6-15 14000kN荷载工况下桩顶沉降收敛曲线

由桩身及土体沉降云图（图6-16、图6-17）看出，根键随根式基础桩身沉降，根键沉降数值与桩身基本相同，根键弹性变形较小，呈刚性状态。根式基础带动其周围一定范围内土体沉降，根键承载力效应明显。

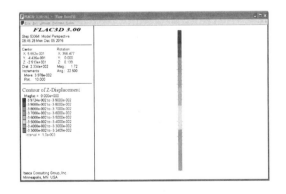

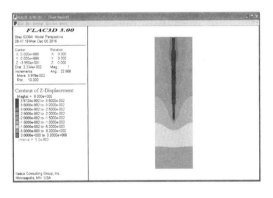

图6-16 14000kN荷载工况下桩身沉降云图　　　　图6-17 14000kN荷载工况下桩身周围土体沉降云图

由土体及桩身应力云图（图6-18、图6-19）看出，根式基础周围土体应力呈凹槽状；桩身应力中心应力较大，边缘变小，由于根键局部作用导致桩基础断面应力具有不均匀性。

图6-20为14000kN荷载工况下土体塑性区云图。在接近极限荷载工况下，根键周围土体发生塑性破坏，在桩基础底部土体发生塑性破坏。

通过逐级加载方式得出池州长江大桥S10号墩49m长根式基础竖向荷载与桩顶沉降对应曲线即 Q-S 曲线，如图6-21所示。

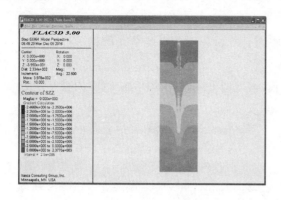

图 6-18　根式基础周围土体应力云图

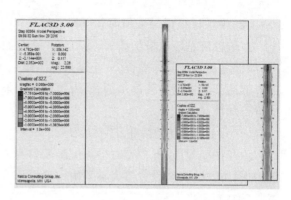

图 6-19　14000kN 荷载工况下桩身应力云图

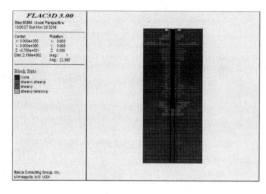

图 6-20　14000kN 荷载工况下土体塑性区云图

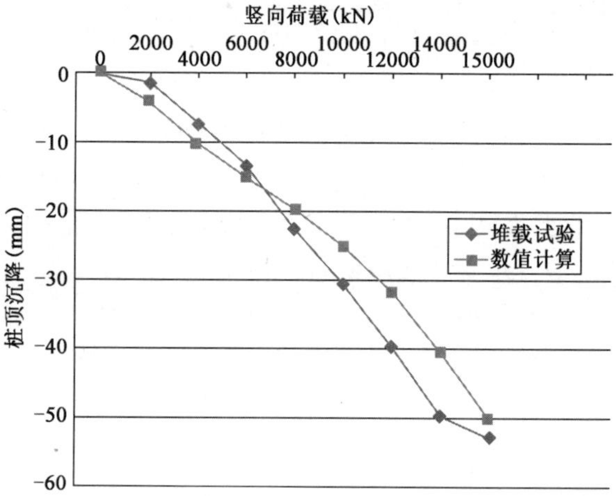

图 6-21　49m 长根式基础 *Q-S* 曲线(试桩与计算结果对比)

4)本节小结

本节采用三维有限差分程序 FLAC3D 对根式基础进行模拟计算,首先介绍根式基础网格单元建模过程、本构模型、材料参数及边界条件的设置方法,然后模拟根式基础试桩过程进行逐级加载分析,最后进行有限元计算分析、试验分析的比较,并得出以下结论:

(1)根式基础竖向荷载作用下 *Q-S* 曲线,有限元计算和试验分析基本吻合。接近极限状态下,土体采用 Mohr-Coulomb 模型,桩顶位移变化速率增大。

(2)根键沉降与桩身基本相同,根键弹性变形较小,呈刚性状态,根式基础带动其周围一定范围内土体沉降。

(3)在接近极限荷载工况下,根键周围土体发生塑性破坏,在桩基础底部土体发生塑性破坏。

(4)根式基础周围土体应力呈凹槽状;桩身应力中心应力较大,边缘变小,桩基础断面应力具有不均匀性。

从实例中了解根式基础 FLAC3D 模型的建立和加载方法,为类似工程进行根式基础竖向承载力分析提供参考,并可与简化计算进行对比,为根式基础设计提供依据。

6.1.5 承载力试验结果

对 S10 号墩基础静载试验分 2 次进行加载,第一次采用自平衡法,第二次采用堆载法,具体操作过程如下:

(1)自平衡试验。在试桩最底层根键下方 4m 处埋设一个荷载箱,待桩身混凝土龄期达到测试要求后进行加载,用于量测根键以下段桩的极限承载力。选择在最底层根键下方 4m 处布置荷载箱目的:一是防止根键机下放碰撞到荷载箱造成机器或荷载箱损伤;二是荷载箱加载的主要目的是量测根键以下段桩的侧阻力和桩端阻力的总和,同时通过荷载箱加载使得桩身在最底层根键下产生位移空隙,为堆载试验创造沉降条件。

(2)堆载试验。在桩顶部利用反力梁堆载混凝土预制块作为反力进行加载,预估 ZS8-2 桩堆载 13000kN,YS10-1 桩堆载 15000kN。堆载目的用于量测试桩含根键部分桩身侧阻力,同时堆载需把荷载箱加载产生的位移空隙压回到初始状态,试验结束后辅助压浆处理,保证试桩在试验后仍作为工程桩使用。

两次试验测试值与计算理论值的对比结果见表 6-7、表 6-8。

S10 桩自平衡试验结果汇总表(第一次试验) 表 6-7

桩号	测试日期 (年-月-日)	上段桩加载 极限值 Q_{us} (kN)	下段桩加载 极限值 Q_{ux} (kN)	荷载箱上部 桩自重 W_1 (kN)	根键自重 W_2 (kN)	试桩的 修正系数	单桩竖向 极限承载力 P_u (kN)	计算竖向 承载力 (kN)	终止加载 原因
S10	2016-7-10	13000	14000	1659	24	0.8	(13000 − 1683)/0.8 + 14000 ≈ 28146	14873	达到破坏条件

S10 桩堆载试验结果汇总表(第二次试验) 表 6-8

桩号	测试日期 (年-月-日)	试验荷载 Q_{max} (kN)	最大试验荷载 对应的沉降量 S_{max}(mm)	残余沉降量 (mm)	回弹率 (%)	实测桩身 侧摩阻力 (kN)	计算桩身 侧摩阻力 (kN)	终止加载 原因
S10	2016-9-24	15200	52.81	42.73	19.09	15200	8612	达到试验目的

S10 桩的单桩竖向抗压极限承载力不小于 28146kN,荷载箱以下段桩(4m 侧阻力加桩端阻力)的极限值不小于 14000kN。根据试验结果与理论计算的对比分析,极限承载力的实测值 28146kN 远大于理论计算值 14873kN,说明根式桩承载力计算公式较保守,安全性和可靠性得到保证。

S10-1 桩的桩身侧摩阻力(含根键部分)为15200kN。通过试验结果与理论计算的对比分析,桩身侧阻力(含根键部分)的实测值15200 kN 远大于理论计算值8612kN,说明根式桩承载力计算公式中桩侧摩阻力和根键侧摩阻力计算值较保守,其安全性和可靠性得到保证。

6.2 马鞍山长江公路大桥根式沉井基础工程实例

6.2.1 工程简介

马鞍山长江公路大桥及接线工程位于安徽省东部,连接马鞍山和巢湖两市,工程全长36.294km。该工程由北至南分为北引桥、左汊主桥、江心洲引桥及互通、右汊主桥、南引桥及南互通等。其中左汊主桥全长2160m,采用主跨为 2×1080m 三塔两跨悬索桥,右汊主桥全长760m,采用主跨为 2×260m 三塔斜拉桥。

工程道路等级为高速公路,按双向 6 车道设计。设计速度为 100 km/h,设计荷载为公路Ⅰ级。

6.2.2 结构介绍

根式沉井基础在马鞍山大桥跨堤 65 + 70 + 65(m) 连续梁的 Z1 号墩中进行了运用。考虑桥墩位于大堤外,施工中存在水位变化的影响,拟采用根式沉井基础方案,沉井采用预制下沉,可有效减小施工承台围堰等临时措施。

1)地质条件

Z1 号墩位于滩涂区,距离大堤约 50m。墩位处地面高程约 7.0m。

地表覆盖层厚度超过 70m,自上而下依次为可塑状粉质黏土、流塑状~软塑状质粉质黏土夹淤泥质土、稍密状~中密状粉细砂及中密状中砂,底部揭露密实状圆砾土。场地地表土层主要为第四系全新统松散填筑土、种植土、砂类土、圆砾土及上更新统圆砾土;基岩主要为侏罗系罗岭组泥质粉砂岩。

2)结构设计

65 + 70 + 65(m) 连续梁采用分幅布置。下部结构采用门式双柱桥墩,柱间由上下系梁连接。其中 Z1 号墩墩高30.6m,单个墩柱截面为矩形,底截面尺寸为 1.8m×2.6m;两个墩柱横向中心距为 3.1m,墩柱之间设置两道系梁。

基础采用根式沉井基础。沉井外径 6m、壁厚0.8m,总长47m,以圆砾土层为持力层;沉井底部设置3.5m厚的封底,顶部设置3m厚的盖板,墩身直接落在沉井顶部。根键沿沉井从上到下共布置13层,每层根键6根,在井身呈梅花形布置。根键长为 3.55m,采用十字形截面,外轮廓尺寸为 80cm×80cm(图 6-22)。

6.2.3 竖向承载力计算

1)竖向承载力计算

结合《根式基础计算规程》(DB 34/T 2157—2014)的相关规定,对根式基础的竖向承载力进行检算。

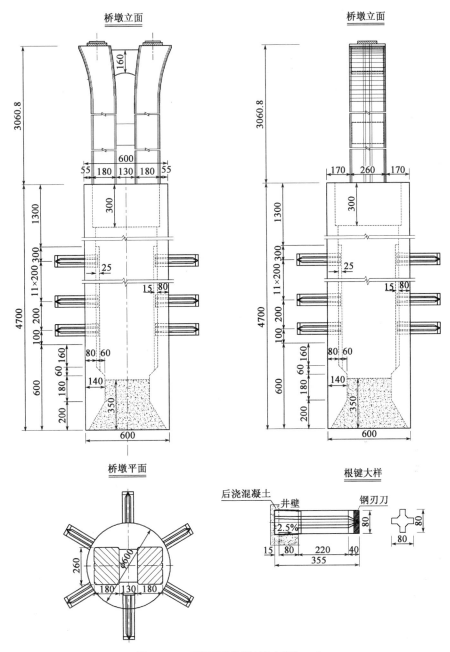

图 6-22　Z1 号桥墩结构图(尺寸单位:cm)

(1)计算荷载

根据上部结构计算,按照公路桥涵的相关规范,计算墩底截面处的反力为:

竖向力　　　　　　　　　　　　　　$N = 52883.6 \text{kN}$

沉井基础总混凝土量为 956m³,基础位于水中,自重按照浮重度考虑,计算基础总重为 14340kN。

相应基底反力为:

$$N_1 = 52883.6 + 14340 = 67223.6(\text{kN})$$

（2）土层参数

各土层地质参数如表6-9所示。

各土层地质参数表

表6-9

序号	土层名称	土层厚度（m）	极限摩阻力 q_{ik}（kPa）	承载力基本容许值（kPa）
1	粉质黏土	8.0	25	120
2	粉砂	2.2	25	90
3	粉质黏土	5.3	25	120
4	粉砂	13.2	35	100
5	细砂	13.4	40	200
6	中砂	4.45	45	350
7	圆砾土	7.75	150	600
8	中风化泥质粉砂岩	5.8	200	600
9	微风化泥质粉砂岩			1000

（3）竖向承载力计算

沉井总长47m，进入圆砾土层为1.0m。竖向承载力按照规程方法，共分为三个部分：井侧摩阻力和根键侧摩阻力、井底承载力、根键正面承载力。计算公式如下：

$$[R_a] = \frac{1}{2}\left[\pi D\sum_{i=1}^{n}q_{ki}l_i + 2m_g l_g h_g\sum_{j=1}^{n_g}q_{kj}\right] + \frac{\pi D^2 q_r}{4} + m_g b_g l_g n_\xi\sum_{j=1}^{n_g}q_{rj}$$

①井侧及根键侧摩阻力

井侧摩阻力计算如表6-10所示。沉井直径按照6m计算。

井侧摩阻力计算

表6-10

序号	土层名称	土层厚度（m）	极限摩阻力 q_{ik}（kPa）	井周长（m）	计算摩阻力（kN）
1	粉质黏土	7.35	25	18.85	1731.8
2	粉砂	2.2	25	18.85	518.4
3	粉质黏土	5.3	25	18.85	1248.8
4	粉砂	13.2	35	18.85	4387.2
5	细砂	13.4	40	18.85	5051.7
6	中砂	4.45	45	18.85	1887.3
7	圆砾土	1	150	18.85	1413.7
	合计	47	—	—	16238.9

根键侧摩阻力计算如表6-11所示。其中，根键层号按照从上到下排列。考虑根键截面为十字形，计算侧摩阻力时偏安全，仅考虑十字形截面的两个侧边（一侧高0.2m，即公式中 $h_g = 0.2$m）；根键长度 $l_g = 2.6$m；每层根键数量 $m_g = 6$。

注：单层根键侧面积 $= 6 \times 2 \times 0.2 \times 2.6 = 6.24(\text{m}^2)$。

层号	土层名称	极限摩阻力 q_{ik}(kPa)	根键侧面积(m²)	计算摩阻力(kN)
1	粉砂	35	6.24	109.2
2	粉砂	35	6.24	109.2
3	粉砂	35	6.24	109.2
4	粉砂	35	6.24	109.2
5	粉砂	35	6.24	109.2
6	粉砂	35	6.24	109.2
7	粉砂	35	6.24	109.2
8	细砂	40	6.24	124.8
9	细砂	40	6.24	124.8
10	细砂	40	6.24	124.8
11	细砂	40	6.24	124.8
12	细砂	40	6.24	124.8
13	细砂	40	6.24	124.8
合计	—	—	1513.2

合计井侧及根键侧壁摩阻力为：

$$R_1 = 16238.9 + 1513.2 = 17752.1(\text{kN})$$

②井底承载力计算

井底承载力　　　　　　　　　　$$R_2 = \frac{\pi D^2 q_r}{4}$$

其中，$q_r = m_0 \lambda \left[[f_{aj}] + k_2 \gamma_2 (h_j - 3) \right]$

$$= 0.8 \times 0.7 \times [600 + 5 \times 7 \times (47 - 3)] = 1198.4(\text{kPa})$$

$$R_2 = \frac{\pi \times 6^2 \times 1198.4}{4} = 33884.0(\text{kN})$$

③根键正面承载力计算

根键正面承载力计算的相互影响系数为：

$$\eta_g = \frac{(s_g/d)^{0.015 m_g + 0.45}}{0.15 n_g + 0.10 m_g + 1.9} = \frac{(2/0.8)^{0.015 \times 6 + 0.45}}{0.15 \times 13 + 0.10 \times 6 + 1.9} = 0.369$$

各层根键正面承载力计算结果如表6-12所示。其中正面承载力容许值按照井底 q_r 采用相同的修正公式。根键承载力考虑了根键之间的影响系数。

根键正面承载力计算

表 6-12

层号	土 层 名 称	承载力基本容许值（kPa）	正面承载力容许值 q_{ri}（kPa）	根键正面积（m²）	计算承载力（kN）
1	粉砂	90	152.3	12.48	701.5
2	粉砂	90	168.0	12.48	773.7
3	粉砂	90	183.7	12.48	845.9
4	粉砂	90	199.4	12.48	918.1
5	粉砂	90	215.0	12.48	990.3
6	粉砂	90	230.7	12.48	1062.5
7	粉砂	90	246.4	12.48	1134.7
8	细砂	200	429.5	12.48	1978.0
9	细砂	200	453.0	12.48	2086.3
10	细砂	200	476.6	12.48	2194.6
11	细砂	200	500.1	12.48	2302.9
12	细砂	200	523.6	12.48	2411.2
13	细砂	200	547.1	12.48	2519.6
合计					19919.2

注：根键正面积 = 6 × 0.8 × 2.6 = 12.48（m²）。

④承载力合计

根式沉井基础总计承载力为：

$$[R_a] = 17752.1 + 33884.0 + 19919.2 = 71555.3(kN)$$

计算的桩底反力为墩底竖向力 + 沉井自重，即 67223.6kN。

计算承载力 71555.3kN > 基底荷载 67223.6kN，计算承载力满足要求。

2）与普通桩基础的比选

（1）桩基础方案介绍

按照《公路桥涵地基与基础设计规范》（JTG D63—2007）按照桩基础对 Z1 号墩基础进行设计，布置 4 根直径 2.0m 的钻孔灌注桩，桩长 61m。桩底以微风化的泥质粉砂岩为持力层，桩基嵌入岩石不小于 4m。

桩顶布置高 3m，纵横向长均为 8.2m 的方形承台（图 6-23）。

（2）方案比选（表 6-13）

根式沉井基础与桩基础比较表

表 6-13

类 型	根式沉井基础	桩 基 础
结构受力	利用覆盖层土满足承载力要求，充分发挥土体特性；结构整体刚度好	需嵌入岩石中才能满足承载力要求，整体刚度稍差
混凝土数量（m³）	956	968

类 型	根式沉井基础	桩 基 础
施工方法	搭设施工平台,原位预制沉井;逐节下沉、逐节接高;到位后封底,顶根键,浇筑顶盖板	搭设施工平台,进行钻孔桩施工。设置钢板桩围堰,进行承台施工
施工优缺点	预制结构,井身及根键质量有保证;可减小围堰的施工; 沉井较轻,下沉稍困难	工艺成熟,适当相对较快。但桩基需嵌入岩石中,难度较大,且需增加围堰等施工措施
综合比较	根式沉井基础采用预制结构,结构质量有保证;施工可减小围堰等临时措施,降低开挖基坑的风险。工程量较省。通过比选,根式沉井基础在本项目比桩基方案有一定优势	

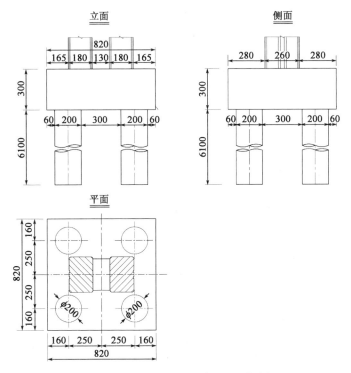

图6-23 Z1号桥墩桩基础方案结构图(尺寸单位:cm)

6.2.4 有限元分析

1)根式沉井基础模型建立

采用FLAC3D对根式分析根式沉井基础进行有限元分析,有限元网格单元建立方法和过程与6.1.4节中池州长江公路大桥根式基础类似,本例中根式沉井井身模型如图6-24所示。

根式沉井周围土体取井身四周25m,土层厚度建模范围至桩底以下30m。同时考虑基础对称性,仅考虑1/2基础及周围土体。根式沉井周围土体模型如图6-25所示。

与现场地质相对应,土体从上至下依次划分为粉质黏土软塑、淤泥质粉质黏土、粉细砂松散、粉细砂中密、粉细砂密实、圆砾、中风化泥质粉砂岩,相应的各土层物理力学性能指标见表6-14。

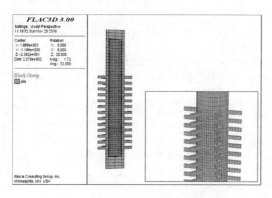

| 图6-24 根式沉井井身模型 | 图6-25 根式沉井周围土体模型 |

各土层物理力学性能指标 表6-14

序号	土层名称	土层厚度(m)	密度(g/cm³)	黏聚力 c(kPa)	内摩擦角(°)	回弹模量 E_{Ri}(kPa)
1	粉质黏土	7.35	19.8	11.8	6.7	3060
2	粉砂	2.2	19.8	10.2	6.7	3060
3	粉质黏土	5.3	19.8	10.2	6.7	3060
4	粉砂	13.2	19.8	10.2	6.7	3060
5	细砂	13.4	21	5	13	13000
6	中砂	4.45	21	5	20	14000
7	圆砾土	1	21	3	26	20200

2)计算结果分析

有限元计算分析过程与6.1.4节类似,首先进行初始土体平衡,然后模拟桩基础加载分析。为实现均匀加载,本模型采用修改桩顶3m范围内桩密度方式进行加载。

ini dens 141542 range cylin end1(0,0,0) end2(0,0,-2) radius 3.0 group pile

上述80000kN荷载工况下,桩顶位移收敛曲线如图6-26所示。相关模拟结果如图6-27~图6-32所示。

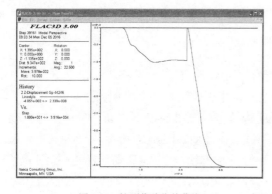

图6-26 桩顶位移收敛曲线

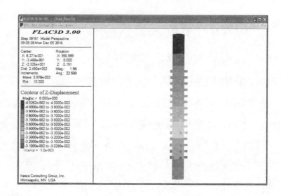

图6-27 井身沉降云图

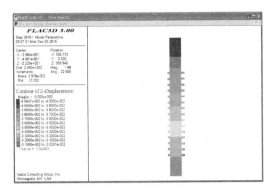

图 6-28　井身整体应力云图

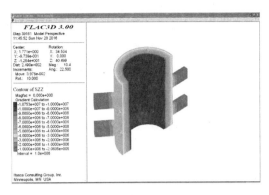

图 6-29　井身局部应力云图

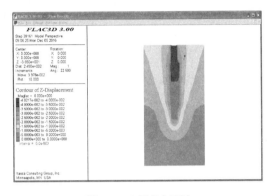

图 6-30　土层应力云图

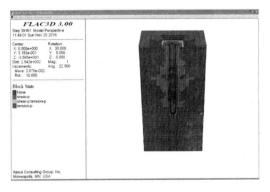

图 6-31　土体塑性区云图

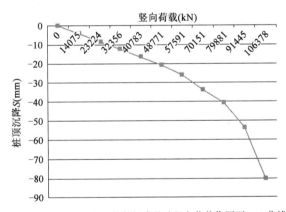

图 6-32　47m 长的根式基础竖向荷载作用下 Q-S 曲线

3）本节小结

采用 FLAC 软件对根式沉井基础的竖向承载力进行了数值分析研究，部分建模和计算过程可参考根式基础，通过计算根式沉井基础荷载作用下的结构的变形、受力情况。计算结论可概括为以下几个方面：

（1）根式沉井基础在较大荷载作用下，井身沉井成阶梯状，同层根键根部和端部竖向位移差别不大，根键相对土体刚度较大。

（2）根式沉井基础井身内壁应力较大，同截面井身应力存在一定的不均匀性。

（3）根式沉井基础根键区域塑性区范围较大，根键带动土层塑性破坏明显，井底部塑性区相对较小。

（4）根式基础竖向荷载作用下有限元计算得出 Q-S 曲线，该根式基础竖向承载力为80000kN。

6.2.5 承载力试验结果

由于仅对马鞍山长江大桥江心洲引桥区 F 号根式基础进行了承载力测试，因此此处对 F 号试验结果和计算结果进行比较。F 号根式沉井基础的设计与 6.2.2 节中 Z1 桩基类似。不同之处在于根键的数量及布置，根键沉井管壁 8m 深处开始，间隔 2m 依次布置 17 层根键，仍然按照梅花形布置，每层数量 6 根。F 号根式基础竖向承载计算力的计算过程也类似于 6.2.3节，此处不作赘述，计算承载力为 122900 kN。

由于受到吨位和现场条件的限制，传统的静载试验方法难以实现对 F 号根式沉井基础的承载力测试。为此，采用新的测试方法——自平衡法。自平衡法是把一种特制的加载装置——荷载箱埋入桩（沉井井壁）内，将荷载箱的高压油管和位移棒引到地面，由高压油泵向荷载箱充油，荷载箱将力传递到桩（井壁）身，其上部桩（井壁）身的摩擦力与下部桩（井壁）身的摩擦力及端阻力相平衡——自平衡来维持加载，根据加载值与向上、向下位移的有关曲线判断桩（沉井）的承载力。2009 年 1 月 6 日，开始 F 号根式基础压入根键后的竖向测试试验，当加载至第 17 级荷载（2×90000kN），荷载箱向上位移迅速增至 112.81mm 且本级位移量大于前一级荷载作用下位移量的 5 倍，同时桩顶周围土体出现明显裂缝，荷载箱向下位移 23.63mm。停止加载，开始卸载。向上取前一级加载值（85000kN）计算荷载箱顶板以上基础的极限承载力，向下取本级加载值（90000kN）计算荷载箱底板以下基础的极限承载力。

荷载箱上部沉井井壁重量为：

$$\pi \times (3^2 - 1.95^2) \times 43 \times 14.5 = 10180(kN)$$

井壁外部根键重量为：

$$(0.8 \times 0.2 + 0.6 \times 0.2) \times 2.5 \times 14.5 \times 102 = 1035.3(kN)$$

$$Q_u = Q_上 + Q_下 = \frac{85000 - (10180 + 1035.3)}{1} + 90000 = 73749 + 90000 = 163784(kN)$$

F 号根式基础压入根键后的极限承载力 163784kN（表 6-15）。

试桩静载试验结果见表 6-15。

试桩静载试验结果汇总表　　　　　　　　　　　　　　　　表 6-15

桩号	测试日期 （年-月-日）	箱顶板以上基础的极限承载力 （kN）	箱顶板以下基础的极限承载力 （kN）	实测极限承载力 （kN）	计算竖向承载力 （kN）	终止加载原因
F 号	2009-1-6	8500	9000	163784	71555	位移发生突变且周围土体发生裂缝

根据试验结果与理论结算的对比分析，极限承载力的实测值比理论值稍大，根式桩承载力计算公式的可靠性得到进一步验证。

第7章 结 语

传统的钻孔灌注桩基础已广泛应用,其具有构造简单、可适应地质条件广泛、施工方便等的优点,但也存在材料利用率较低、对于承载大、软土地基时,传统钻孔桩作为摩擦桩时表现出长细比严重失调等缺点;作为端承桩时,嵌岩较深,施工难度大、工期长、造价高。针对传统钻孔灌注桩以上问题,提出一种新型根式钻孔灌注桩基础,充分发挥桩土共同作用,有效提高材料利用率和桩基承载力。

将根式钻孔桩的构思进行拓展,提出系列根式基础的概念,包括根式钻孔桩基础(外径1~3m)、根式沉管基础和根式现浇管柱基础(外径3~6m)、根式沉井基础(外径大于6m)及组合形式的根式锚碇,形成系列根式基础。根式基础可适用于不同跨径的公路桥梁基础及悬索桥锚碇基础,并可拓展应用到铁道桥梁、市政桥梁、水利、港口以及高层建筑等行业中。

在马鞍山长江公路大桥引桥、望东长江公路大桥以及池州长江公路大桥进行了根式基础的施工工艺及承载力测试分析工作,研发了根键制作、自平衡顶进、可移动平台、精确定位等施工成套设备。对根键准确顶进工艺进行研究,并对根式基础的承载性状进行试验分析。

对根式基础的受力机理进行分析并总结了解析公式,并在两个实际工程应用,在应用过程中进行对比试验,结果证明根式基础可大幅提高桩基础承载力。

通过工程实际应用,对传统基础与根式基础进行了承载力计算分析、施工方案对比。在满足同样承载力下,总成本可节约35%,工期节省约30%,且技术质量及安全得以改善,从而验证了根式基础的优势。

本书主要介绍了根式基础的研究过程,阐述了根式基础提出的背景及拟解决的工程问题;详细阐述了根式基础的施工工艺及关键设备,并结合实际工程案例进行说明;探讨了根式基础的受力机理及计算方法,并与实际测试进行对比,验证了计算方法的可靠性;对根式基础在实际施工过程中所涉及的质量检验等内容进行说明。

附录 A 施工图片

预制好的根键

根键顶进到位

基础下沉

根键顶进（二）

基础立模

根键顶进（一）

附图A-1 A、B陆上根式沉井基础施工图片

钢筋笼安装

桩身混凝土浇筑

钢筋笼制作

根键顶进

程控钻进

成孔顶进装置

附图A-2　池州长江公路大桥南岸引桥根式钻孔灌注桩基础施工图片

附录 B 质量检验评定表

根式钻孔灌注桩分项工程质量检验评定表

附表 B-1

承包人 _____ 所属单位工程 _____ 工程部位（桩号、墩台号、孔号）_____

合同号 _____ 质量检单编号 _____

开工日期	年 月 日
完工日期	年 月 日

项次		实测项目	规定值或允许偏差	检查方法和频率	实测值或实测偏差										质量评定		
					1	2	3	4	5	6	7	8	9	10	合格率（%）	检查项目权值	加权得分
基本要求																	
1		混凝土强度（MPa）	在合格标准内	按《公路工程质量检验评定标准 第一册 土建工程》(JTG F80/1—2017) 附录D检查											10	3	
2	关键项目	桩位（群桩）(mm)	50	全站仪或经纬仪：每桩检查												2	
3		孔深（m）	不小于设计	测深仪：每桩测量												3	
4		孔径（mm）	不小于设计	测孔仪：每桩测量												3	
5		沉淀层厚度（mm）	柱桩 不大于50 摩擦桩 符合设计要求	沉淀盒或标准测锤：每桩检查												2	

续上表

项次	实测项目		规定值或允许偏差	检查方法和频率	实测值或实测偏差										质量评定		
					1	2	3	4	5	6	7	8	9	10	合格率（%）	检查项目权值	加权得分
6	一般项目	钻孔倾斜度（mm）	1%桩长	测孔仪：每桩测量												1	
7		钢筋骨架底面高程（mm）	±50	水准仪：测每桩骨架顶面高程后反算												1	
8		根键长度（mm）	±10	尺量检查												1	
9		根键截面尺寸（mm）	+0，−10	尺量检查												1	
10		根键截前、后截面错台（mm）	±5	尺量检查												1	

外观缺陷减分 扣分 小计

质量保证资料不全减分	资料代号	（1）	（2）	（3）	（4）	（5）	（6）	减分	小计

扣分项目代号

不符合项次1，减1~3分

合计

工程质量等级评定	评分值
	质量等级

检验负责人： 记录： 复核：

承包人： 检测： 监理意见：

根式沉井分项工程质量检验评定表　　　　　　　　附表 B-2

所属单位工程_____ 工程部位（桩号、墩台号、孔号）_____ 质检单编号_____

		开工日期	年 月 日
		完工日期	年 月 日

项次	实测项目		规定值或允许偏差	检查方法和频率	实测值或实测偏差										质量评定		
					1	2	3	4	5	6	7	8	9	10	合格率（%）	检查项目权值	加权得分
	基本要求																
1	关键项目	各节沉井混凝土强度（MPa）	在合格标准内	按《公路工程质量检验评定标准》（JTG F80/1—2018）附录D检查												3	
2		中心偏位（纵、横向）（mm）	1/50井高	经纬仪或全站仪：测沉井两轴线交点												2	

续上表

项次	实测项目		规定值或允许偏差	检查方法和频率	实测值或实测偏差										质量评定		
					1	2	3	4	5	6	7	8	9	10	合格率(%)	检查项目权值	加权得分
3	沉井平面尺寸(mm)	长、宽	±0.5%边长,大于24m时,±120	尺量:每节段												1	
4		半径	±0.5%半径,大于12m时,±60													1	
5	井壁厚度(mm)	钢壳混凝土	+40,−30	尺量:每节段沿周边量4点												1	
		钢筋混凝土	±15														
6	沉井刃脚高程(mm)		符合设计要求	水准仪:测4~8处顶面高程反算												1	
7	沉井最大倾斜度(mm)		1/50井高	吊垂线:检查两轴线1~2处												2	
8	平面扭转角(°)		1	经纬仪或全站仪:测沉井两轴线												1	
9	根键内、外钢套尺寸(mm)		3	用尺量												1	
10	根键外钢套安装	平竖向位置(mm)	±20	用尺量												1	
11		径向角度(°)	1	用全站仪检查												1	
12	根键预制截面尺寸(mm)		±5	用尺量												1	
13	根键顶进完毕外露尺寸偏差(mm)		±20	用尺量												1	

一般项目

续上表

外观鉴定缺陷减分			质量保证资料不全减分							监理意见	合计	工程质量等级评定
扣分项目代号	扣分	小计	资料代号	(1)	(2)	(3)	(4)	(5)	(6)			评分值
不符合要求项，减1~3分			减分									
			小计									质量等级

检验负责人：　　　　检测：　　　　记录：　　　　复核：

参 考 文 献

[1] 殷永高.根式基础及根式锚碇方案构思[J].公路,2007(02).

[2] 徐至钧.新型桩挤扩支盘灌注桩设计施工与工程应用[M].2版.北京:机械工业出版社,2007.

[3] 刘自明.桥梁深水基础[M].北京:人民交通出版社,2003.

[4] 黄义,何芳社.弹性地基上的梁、板、壳[M].北京:科学出版社,2005.

[5] H.M.戈洛铎夫,K.C.西林,等.管柱基础[M].铁道部大桥工程局,译.上海:科技卫生出版社,1959.

[6] 夏明耀,曾进伦.地下工程设计施工手册[M].北京:中国建筑工业出版社,1999.

[7] 钱家欢,殷宗泽.土工原理与计算[M].南京:河海大学出版社,1999.

[8] 段良策,殷奇.沉井设计与施工[M].上海:同济大学出版社,2006.

[9] 周申一,等.岩土工程丛书——沉井沉箱施工技术[M].北京:人民交通出版社,2005.

[10] 苏静波,邵国建.基于P-Y曲线法的水平受荷桩非线性有限元分析[J].岩土力学,2006(10).

[11] Poulos H. G. Pile Foundation Analysis and Design. New York:Wiley, 1980.

[12] Selvadurai A. P. S. Elastic Analysis Of Soil-Foundation Interaction. Netherlands:Elsevier, 1979.

[13] Joseph E. Bowles. Foundation analysis and design. New York:McGraw-Hill, 1977.

[14] Itasca Consulting Group Inc, FLAC 3D Users Manual Version 3.0. Minneapolis:Itasca, 2005.

[15] NikosGerolymos George Gazetas. Winkler model for lateral response of rigid caisson foundations in linear soil[J].Soil Dynamics and Earthquake Engineering, Volume 26, Issue 5, May 2006, Pages 347-361.

[16] 吴胜东,等.润扬长江公路大桥建设:科研·试验与勘测(第二册)[M].北京:人民交通出版社,2005.

[17] 钟建驰.润扬长江公路大桥建设:悬索桥(第三册)[M].北京:人民交通出版社,2006.

[18] 吉姆辛.缆索支承桥梁:概念与设计[M].金增洪,译.2002.

[19] 周世忠.江阴长江公路大桥北锚碇的施工与控制[J].国外桥梁,2000(04).

[20] 王锋君.美国维拉扎诺悬索桥锚碇的设计与施工[J].国外桥梁,2000(04).

[21] Verrazano-narrows bridges:design of tower foundations and anchorages. Journal of the Construction Division,Proceedings of the American Society of Civil Engineering.

[22] Nies J. Gimsing.大贝尔特海峡:东桥[M].西南交通大学土木工程学院桥梁工程系/中铁大桥局武汉桥梁科学研究院,译.成都:西南交通大学出版社,2008.

[23] James D. Murff ,Jed M. Hamilton. P-Ultimate For Undrained Analysis of Laterally Loaded Piles[J]. Members, ASCE.

[24] 吴胜东,吉林,阮静.润扬大桥悬索桥北锚碇基础方案比选[J].桥梁建设,2003(02).

[25] 王伯惠,上官兴.中国钻孔灌注桩新发展[M].北京:人民交通出版社,1999.

[26] 殷永高,孙敦华,张立奎,等.根式基础的研究[C]//第四届全国公路科技创新高层论坛优秀论文,2008.

[27] 殷永高,等.根式钻孔灌注桩基础成套技术研究,2014.

[28] 殷永高,等.悬索桥锚碇新技术研究,2008.

[29] 殷永高,等.根式基础研究,2007.

[30] 安徽省地方标准.DB34/T 2157—2014 根式基础技术规程[S].2014.